MEDITATION

冥想

唤醒内心强大的自己

张宁◎著

文匯出版社

图书在版编目（CIP）数据

冥想，唤醒内心强大的自己 / 张宁著 . -- 上海：
文汇出版社，2017.1
ISBN 978-7-5496-1859-0

Ⅰ.①冥… Ⅱ.①张… Ⅲ.①人生哲学－通俗读物
Ⅳ.① B821-49

中国版本图书馆 CIP 数据核字（2016）第 214042 号

冥想，唤醒内心强大的自己

出 版 人 / 桂国强
作　　者 / 张　宁
责任编辑 / 乐渭琦
封面装帧 / 姚姚设计工作室

出版发行 / 🔲文匯出版社
　　　　　　上海市威海路 755 号
　　　　　　（邮政编码 200041）
经　　销 / 全国新华书店
印刷装订 / 三河市京兰印务有限公司
版　　次 / 2017 年 1 月第 1 版
印　　次 / 2019 年 1 月第 2 次印刷
开　　本 / 710×1000　1/16
字　　数 / 188 千字
印　　张 / 15

ISBN 978-7-5496-1859-0
定　价：39.80 元

目 录
contents

前言

前言

如果你正在被亚健康的身体所困扰；

如果你感到自己无法应付工作、生活中的重重挑战；

如果你感到自己"压力山大"，透不过气来；

如果你在日复一日的生活中找不到幸福的感觉；

如果你觉得自己总是被一种莫名其妙的忧郁侵袭；

如果你觉得自己与他人的人际关系太过紧张；

如果你想在灯红酒绿的闹市中找到自己的心灵栖息地；

如果你想要和更高层次的灵魂进行交流；

那么，你不妨去冥想。

说起冥想，可能很多人会觉得陌生和神秘，甚至会有一定的误解。冥想其实是一种修心行为，如禅修、瑜伽、气功等，现今已广泛地被运用在许多心灵及养气活动的课程中。其效果已经被现代科学所证明，而且许多世界知名人士的成功都有冥想的功劳。美国前副总统科尔、苹果前 CEO 乔布斯、好莱坞知名演员兼导演克林特·伊斯特伍德，以及日本松下电器创办人松下幸之助等都是冥想的实践者和受益者。谷歌、苹果、韩国的雅虎等世界知名企业还将冥想作为公司内员工减压的重要活动。

现代社会的生活节奏非常快，导致人很容易产生焦虑、紧张，进而产生各种心理问题。而冥想则是放松身心的最有效、最简便的方式。初次冥想者，只需心情平静地静坐 5 分钟，就能让你的大脑和心情得到放松。长期坚持冥想，你会惊喜地发现你的身心转变：拥有健康而美貌的身体、专注而灵动的头脑、淡定而强大的内心、和谐而稳固的人际关系，能够轻而易举地实现内心的愿景，对幸福更有觉察力。这样的自己，你是不是向往已久呢？那么，赶快加入冥想一族吧！

第一章

揭开"冥想"的神秘面纱

1. 什么是冥想

冥想，其实就是对任何事物的深度专注。在某种意义上，每个人都冥想过。专注不仅对生存，而且对任何行业中的成功都是必不可少的。正是通过专注的力量，我们能够做、能够听、能够理解任何事物。

专注的觉察并非个人所有，它需要人们拥有整体型的思维。当观察者作为中心，从那个中心开始去关注周围事物并施加决定性影响时，便是个人因素潜入到了观察里，即观察中带有思想的存在，而思想植根于逝去的昨日，它总是让头脑混沌不清，因此他所观察到的都是破碎的、有限的。而冥想中的专注无边无际，它属于澄明清醒的状态，一切思想都被排除在外，是沉浸在真理狂喜中的一种运动。

冥想是一种感受，是由心灵的作用去影响身体，使其得到益处的健康生活方式，是一种对生命"悟"的过程！

　　冥想就是充分缓解身体和心灵的紧张，没有任何感情波动，静静观察心灵深处的变化，继而感知变化，让自己完全进入到一种忘我的境界，深切感受到心灵深处的平和与安定。冥想的第一阶段是将心灵集中到一处，让自己保持镇定状态，不为外界的刺激而动摇，持续进行着心灵深处的冥动。第二阶段是心灵逐渐变得平稳，继而感受到纯粹和明朗。最后，心灵完全失去主观与客观的对立感，进入浑然忘我的真空状态，和宇宙合二为一。

2. 冥想如何调动身体内在的力量

　　冥想是一种意境艺术，专注于自身的呼吸和意识，感知生命每一瞬间的变化。在专注于一呼一吸的同时，记住自身最理想的状态，让自己沉浸在抛开万物的真空状态，找到心灵的平衡。

　　初学冥想，如何让身心进入"定"的状态？这需要对我们内心的意念进行控制。观照是冥想的核心部分。它适用于所有人。

　　观照的练习方法是：

　　第一，完成准备活动；

　　第二，深呼吸3～5次，呼吸要尽量深而长，让心情得以彻底平静，头脑达到清醒而平和；

　　第三，随着呼吸，细细用心体察身体的每一部位随着呼吸而产生的每一个细微的变化，以及头脑中每一个意念的变化；

　　第四，在意识进入冥想状态之后，开始在大脑中重现自己最美好的经历，即你的观照对象，像放三维立体电影一样，将过去的经历尽量全面、真切地呈现出来，并让自己的身心完完全全、真真切切地融入进去，尽量呈现身体和内心的感受与感觉，而让自己的大脑始终作为一个客观的旁观者，静静观察这一切；

第五，在任何想要停止的时刻，停止练习即可。

我们的心犹如相续的河流，安静地做呼吸的冥想，可以有效地把你散乱的思维集中到一个点上。如此，你就懂得了冥想观照带来的思维构造力。修行的本质并没有任何奇特的地方，它的实质就是反复地深入自我观照心灵的相续，并且改变它，修正它。努力地修正自己，安静、观照、放下，你终将展示出自己最大的成就。

3. 每天冥想15分钟，唤醒生命原动力

人们每天只需要 15 分钟的时间进行冥想就足够了，如此，呼吸方式会得到很好的改变，更容易获得积极的感情。

很多时候我们就是自己最好的知音，世界上还有谁能比自己更了解自己？还有谁能比自己更能替自己保守秘密呢？当你烦躁、无聊的时候，不妨给自己一点时间，和自己的心灵认真地对话，让心灵退入自己的灵魂中，静下心来聆听自己心灵的声音，享受与灵魂的私密约会。

在冥想中不妨问问自己：

（1）我拥有什么

让我们走出哀怨，这样就可以让我们看到什么是我们拥有的。

（2）我应该为什么感到自豪

每一次成绩都意味着向前迈了一步。所有的一切都值得你自豪。

（3）我应对什么心存感激

生活的每一天，对于我们来说都是一份珍贵的礼物。

（4）我今天能解决什么问题

设法把那些原本想留到明天才解决的问题今天就解决掉。

（5）我能否抛下过去的包袱

把值得借鉴的经验保存起来，勇敢地卸下重负。

（6）我怎样过好今天

过好今天，敢于创造和创新。

（7）今天我要拥抱谁

要想健康，每天要至少拥抱 8 次。

（8）我现在就开始行动

努力过上幸福的生活，决定权就在自己的手中。

当你的生活变得干涸乏味，当你的内心觉得需要审视自己的时候，请为自己留出一段时间，选择一种你喜欢的冥想形式，认真倾听自己内心最真实的声音。这种倾听可以让自己从繁忙的生活中抽身出来，拓展我们人生的深度，让我们再度体验生命的甘美。

4. 治愈身心从冥想开始

冥想师、心灵畅销书作家莎朗·萨兹伯格（Sharon Salzberg）认为："生活中的悲伤与快乐都存在反思、平衡和多面性，冥想可以将这些方面加强""冥想使人头脑保持开放，总是对客观世界保持兴趣。我感觉自己是越来越年轻，像是在游戏，重要的不是变老，而是继续学习和成长"。

过去，人们一直用冥想来放松心灵、减轻压力，但它的作用远不止这些，它甚至能给你的身体带来诸多健康奇迹。许多研究证明，冥想不仅仅能给我们带来心灵的平静，而且能抵御许多疾病，并提升身体器官的功能。

有些人可能会觉得冥想的身心效果并没有传说中的那么神奇。可是，真正尝试过冥想的人，会发现在冥想中，能够让身心合一。最明显的特征是呼吸会减缓，连带着心跳也跟着减缓，血压下降了，新陈代谢进而也下降了，肌肉也不再紧绷了，整个人可以轻松不少。

这种效果不是因为休息而产生的，我们无法光靠坐着喝杯茶打个小盹就奢望获得同样的效果。一般在休息的状态下，如果我们不花心思管理注意力，就无法看到新陈代谢率下降、耗氧量减少、二氧化碳排放量减少的情况，也不会出现心跳速度像冥想时那样一分钟少跳几下的状况。

研究发现，冥想时，血液中的乳酸浓度会下降多达 1/3，这个量是纯休息者的 4 倍之多。乳酸浓度下降之所以如此重要，是因为血液的乳酸浓度与紧张和高血压有密不可分的关系。如果向血液中注入乳酸，就会让人产生不安的症状。

冥想对身体释放的荷尔蒙也有很大的影响。巧克力、针灸都会刺激身体分泌内啡肽，慢跑者与爱上健身房的人也都很熟悉这样的情况，而冥想也会让身体增加内啡肽的分泌。

挪威的一项研究发现，那些每天进行冥想两次、时间在 30 分钟左右的人，运动之后，其血液中的乳酸水平明显比没有进行冥想的人要低，而乳酸是导致肌肉疲劳和疼痛的重要物质。

冥想为什么能缓解运动酸痛呢？研究者认为，冥想提高了身体的活动效率，就如同一种热身运动，因此当你运动的时候，身体就不会产生那么多的乳酸。所以，如果想让运动酸痛远离你，不妨在保持运动习惯的同时也保持冥想的习惯：只要简简单单地坐在那儿，深呼吸，将注意力集中在诸如"平和""安宁"这类词上，就能缓解运动酸痛。

在面对重病的时候，病人的康复、求生意志至关重要。通过冥想，给自己快乐的生活暗示，调节心理状态，从疾病的恐慌中走出来，积极地参与人生，这便是最为有效的康复通道。即使是健康人，经常沉思冥想也可以消除疲劳，有益于左右脑平衡和给肌体健康"充电"。专家认为，冥想对人体的免疫系统有良性的促进作用，能提高人体抵抗力，起到预防疾病的功效。国外的一项医疗调查显示，沉思冥想者比不善此举者的发病率要低 50%，染上威胁生命的重病的概率要低 86%。

冥想不仅会消除身体内不必要的压力，同时也会促使人们保持积极的身心状态。这些都是单纯的休息所无法达到的效果。

5. 初学者如何进入冥想状态

对于许多冥想的初学者来说，并不是每一次的冥想练习都会是美妙的体验。很多时候，冥想者会觉得自己一点进步也没有，甚至冥想的效果还不如之前大。其实，你大可不必为这种情况而泄气。

每一次的冥想都是不同的，有很多因素会影响冥想练习，比如你当下的身体状况和心情、周围环境的变化、甚至是天气和季节的转换。因此，每次冥想你的体验和收获都会有所不同。最重要的是，不要强迫自己，不要让自己过度疲劳或者过分努力，要让自己放松。有时候，停止冥想一段时间也是必要的。你会发现，当你的身心得到了休整和恢复后，你将能够更好地运用冥想整合你的身、心、灵。

生活中你是否有过这种体验：在面对一件你完全没有尝试过的事情时，你的内心就给出了否定答案："不，我做不到。"对于冥想也是如此，总有一些人会人为地阻止自己冥想的能力。而当一个人去阻止自己运用冥想的能力时，通常是出于恐惧。他害怕面对心中没有被自己认可的感受和情感。

如果你的内心中隐藏着你不愿意面对的情感体验，那么请记住这样一个事实，没有任何东西能够伤害到我们，我们之所以会陷入困境的泥沼，是因为我们害怕体验自己的感情。在冥想中一旦体验了什么不寻常的、让人始料未及的情况，最好的解决方式就是正视它的存在，想办法解决，你会发现，一旦你有勇气面对，它就不会对你造成任何负面的影响。

如果你遇到的障碍太强大了，以至于你无法独自面对，那么，不妨找你信任的人畅谈或者找治疗师进行咨询。只需要记住，恐惧来自我们不愿意去面对的事情，当我们愿意深入地探究这一恐惧的源头，它就失去了对你的制约力。

初习冥想时，最大的问题就是容易走神，也就是所谓的沉闷和浮念。大多数冥想者都会有从轻微到严重程度不同的沉闷感和浮念，这是除了外部环境之外，冥想者需要关注的两点。沉闷和浮念，都是指冥想的专注力完全被打断。

沉闷是指睡意或沉重感威胁到注意力的情况。轻微的沉闷包括松懈而不再保持灵敏与专心的状态，以及即将入睡的更加松懈状态。而极度沉闷是指发现自己已经完全睡着的情况。对于沉闷的状态，我们可以通过常识降低外在因素的影响。

浮念，即妄念。在妄念下，你乱了方寸，或者更确切地说，你失去了专注的目标。这种情况是比较严重的浮念。这时，你可以从"1"开始重新数起，慢慢地但坚定地把心收回来。避免专注力受到干扰，杂念自然就消散了。

第二章

冥想：唤醒内心强大的自己

1. 你是否做好了冥想准备

四个最有利于冥想的时间段

第一个时间段是"梵之时刻"，即凌晨 3 ~ 5 点。之所以此时间段适合冥想，是因为在这一时段，会自然而然地生出一股特别的灵性之流，让心灵受到滋养，能更顺畅地进入冥想状态。通过这"梵之时刻"的冥想，我们可以回归到意识层面，避免思想的干扰。

第二个时间段是中午。午间时段是大自然归于安宁与沉静的时刻。

第三个时间段是黄昏。黄昏是白昼与夜晚相互交替的时段，此时间段中，白昼渐渐融入黑夜，大自然也变得平静。

第四个时间段是午夜。午夜时刻可以说是一天中最寂静的时刻。

这四个时间段是最有利于冥想的时间段。我们练习冥想的时间段与自然时间相贴合。因此，在这些时间练习冥想，我们能充分得到大自然的帮助与庇护。

冥想的着装与场地

对于现在的冥想练习者，冥想时着装并无严格规定，只要穿着适宜就可以了。冥想中要注意：

（1）冥想的时候双腿需要盘起一段相当长的时间。如果你采用莲花坐的姿势，由于织物的光滑表面，双腿可能会容易滑开，所以棉质衣服是更好的选择；

（2）在和你的伙伴一起练习冥想的时候，最好不要喷气味过重的香水，以免影响他人。

一个适当的环境能够帮助你专注和尽快进入冥想状态。以下是对冥想环境的两点要求：

（1）舒适、安静，不会被打扰

一个舒适的环境能够让你更顺畅地进入冥想状态，安静的环境有助于你更好地控制你的注意力。在冥想期间，你需要把你的手机调成静音状态，座机电话也最好先暂时拔掉，以免受到干扰。

（2）通风的环境

通风的环境对冥想者来说是很重要的基础物质，它能保证充足的氧气，让冥想者保持一个清醒舒畅的状态。

冥想前的饮食调整

良好的健康状况依赖于平衡和谐的身体、头脑和精神，因此你每日的饮食充当着一个重要的角色。以下是冥想的相关进食要求。

第一，在进行冥想之前，食物应该是简单、可口而且清淡、容易消化的。譬如新鲜的水果、沙拉、汤、蒸的或炒的蔬菜、有营养的五谷和白肉（如鸡肉或鱼）等。理想饮料是稍许稀释的新鲜果汁、绿茶、草药茶或矿泉水。

第二，尽量避免吃容易让人兴奋的食物，比如大蒜、洋葱、咖啡等。请冥想者记住，身体与饮食有着十分重要的关联活动，饮食若调整不好，容易影响身安心静。

冥想前身心放松的方式

放松每一处关节

选择舒服的姿势，平躺或是斜躺。闭上眼睛，舌头顶住上颚，进行 3 次深呼吸，每次都慢慢地将气呼出体外。

紧绷右脚的脚趾，并将脚趾下弓，持续 8 秒。然后松开脚趾，放松 15 秒。接着，紧绷左脚的脚趾，并将脚趾下弓，持续 8 秒。然后松开脚趾，放松 15 秒。

紧绷右小腿、大腿和臀部，使整条右腿肌肉感受压力。然后放松各部分肌肉，让右腿松弛 15 秒。接着，紧绷左小腿、大腿和臀部，使整条右腿肌肉感受压力。然后放松各部分肌肉，让右腿松弛 15 秒。

右手握成拳头，使上臂受力，持续几秒后放松。左手做同样练习。

上臂向肩头方向抬起，鼓起肌肉，让肱二头肌绷紧，从而使整个右臂肌肉受压。坚持 8 秒，松开手臂，放松 15 秒。接着，对左手和左臂做同样练习。

收腹，让腹部肌肉紧张，坚持几秒钟后放松。腹部间会感到一股放松的气流。

上身微抬，让背部下端肌肉受压（如果你背疼，可省略这一步骤）。坚持几秒，然后放松背部。

深吸一口气，让胸部肌肉收紧。坚持几秒，然后慢慢地放松。想象胸腔间升起一股暖流。

头小心地紧抵着地板，让颈背肌肉拉紧。坚持几秒，松开头部，呈休息姿势。做一次深呼吸，再重复一次。尽量向后弯肩胛骨。坚持 8 秒，然后放松 15 秒。

尽量扬起眉毛，让前额肌肉紧绷。坚持几秒钟后放松，感到前额的肌肉变得平滑。

用力地闭着眼睛，让眼部周围的肌肉绷紧。坚持几秒钟后放松，感到眼部肌肉变得舒适。

尽量张大嘴，尽力伸展下颌周围的肌肉，让下颌肌肉拉紧。坚持几秒钟后放松，感到嘴唇和下颌处于松弛状态。

当完成了以上的步骤之后，查找你的身体剩余的紧张，在紧张部位重复上述步骤。当身体完全放松后，感觉放松的暖流遍布全身，从脚趾到头顶，身心也渐渐进入状态。

提线木偶式站立放松

以经典的山式站立开始——两脚平行，稍稍分开，踮起脚踝，膝部伸直但不要紧绷，保持弹性，尾椎骨收紧，腹部内收，挺胸，下巴与地面保持平行，双目凝视前方。想象一下，你的身体两侧各有一条直线，它经过脚踝、膝盖、臀部、腰部、肩膀和耳朵，将这些部位固定好。然后吸气，向上伸展身体，接着呼气，再次站直。你会感觉到仿佛被一根从天花板上吊下来的结实绳子吊住，四肢如同提线木偶一样放松。然后重复一次上述动作。

扩胸运动

扩胸运动有利于改善呼吸状况和人体姿势，而且扩胸运动方式多种多样，既可以站着进行，也可以坐着或跪着进行。

在吸气时开始向上伸展运动。如果你站着或跪着，则先从腿部开始向上伸展，接着是脊椎下端、中部和顶端，然后伸展颈部。向上的伸展运动有助于扩胸，从而为深呼吸创造空间，同时由于伸展运动伸直了脊椎，使得脊椎处增强的能量流经七大脉轮，包括位于胸部的心轮和位于喉咙处的喉轮，从而起到了改善人体姿势的效果。接着，以同样放松的心态呼气，做些四肢运动，同时保持脊椎和颈部伸直。

将呼吸与这些练习中不同的动作相结合，你的身体就会从内而外地发生变化，而并非仅仅是外部体形的改善。通过这种方法，你不仅可以释放身体压力，而且也有助于摆脱精神压力和情绪压力。在刚开始练习时，最好先进行些简单的动作，以将意识集中在身心与呼吸节奏的协调性上。

任何在大脑和身体之间传送的神经冲动都要经过颈部，所以缓解积聚在这个部位的紧张是非常有益的，继续对脊椎、颈部和头颅处进行上述的伸展运动。此外，在做扩胸运动时也要保持身体向上伸展的直立姿势。同时，密切关注喉咙处和脸部的压力，让这两个部位保持放松。

滑雪式运动扩展前胸

滑雪式运动有利于伸展脊椎处肌肉，消除影响血液流动、能量流通和神经传递的体内压力和紧张，同时还有助于扩展前胸，让胸骨变得更加灵活，从而更利于呼吸。

（1）双脚分开，平行站立，弯曲膝盖，向下深蹲，手臂向前伸以保持身体平衡。接着，手臂上举，扩展胸部，吸气，扩胸。头脑中想象着自己正手握滑雪杖准备滑雪的情形。

（2）呼气，将手臂往后。往下摇摆，并尽可能地在身后举高，就如同用力滑动滑雪杖前行一般，这样的想象会使你感到激动、愉悦。将这个动作重复几次。

（3）当你认为已经达到足够的运动量时，可以深蹲下来，将手臂和上半身夹在双膝之间。休息一下，自然地呼吸，感受身体重量向下拉伸背部和双腿。

放松脊椎和颈部的运动

当你躺在地上练习时，重力支撑、托护着你，使你的身体呈摇篮状，你会感到无比放松，特别是当你感到后背、臀部和颈部肌肉僵化或疼痛时，效果更为明显。在头下（而非颈部）垫上一个软枕有助于增强舒适感，并能使颈部伸展，下巴内收。让颈部能自由活动，在运动中有利于颈部伸展。

（1）在胸前抱膝（或抱住大腿后部），呼气，向上抬起背部让鼻子或前额（不是下巴，因为这会使颈部收缩）接触到膝盖。吸气，将头重新枕在软枕上，并保持下巴内收。然后呼气，将上述动作重复几次即可。

（2）平躺在地上，放松下背部和臀部，抬起并分开双腿，屈膝，双手各放在膝盖上，双肘支在地上，这个开放而放松的姿势有利于减轻神经疼痛（如坐骨神经痛）。自然地深呼吸，双手移动膝盖做相同方向的圆圈运动，然后做相反方向的圆圈运动。这能真正放松背部和大腿肌肉。

（3）保持脊椎放松，用双手支撑住膝盖，双肘支在地上，将注意力集中在颈部。慢慢地呼气，将头转向一边，目视地面。

（4）吸气，将头转向中间，接着呼气转向另一边。重复几次这样的动作，将意识集中在颈部肌肉的放松上，同时始终保持脊椎、双腿、双臂和下巴的完全放松。

（5）将双臂举过头顶，十指交叉，或者只是尽可能高地抬升手臂，双肘支在地上，这个姿势有助于伸展上半身。接着，双脚合拢，并且靠近臀部，保持上半身、颈部和下巴放松，只能运动腰部以下的身体。吸气，当呼气时，将膝盖往右倾斜。吸气，抬起膝盖，然后呼气往左倾斜。

（6）双膝夹住一张纸，当膝盖往左右倾斜时牢牢地夹住纸，这样有利于伸展大腿内侧肌肉。

伸展背部的运动

伸展背部是绝好的冥想准备活动。

在地上躺10分钟，伸展背部，轻柔但稳固地把思想集中到此刻的呼吸上，同时放松身体，这能迅速恢复你的身体活力。

仰面躺在地上的时候要保持警觉、温暖。用这种姿势伸展能保持脊柱挺直——因为冥想的时候，脊柱总是要尽量保持挺直。仰面躺下，放松身体，有很多冥想技巧可以用来保持头脑警觉、注意力集中，比如数自己呼吸的次数，从1数到10，再从10数到1，或者想象能量沿着脊柱移动，又或者想象乡间或海边的一幅宁静的图景。放松之后做几个深呼吸，活动你的脚趾和手指，伸个懒腰，打个哈欠，然后慢慢坐起，你现在就可以真正开始做冥想练习了。

2. 冥想中有哪些舒适的姿势

传统的冥想姿势是身体笔直坐着，因为这样天（光）地（生命）之间的能量就能在身体内自由地畅通。身体需要体内的能量沿着脊柱和经络上下自由流通，只有这样才能充分发挥大脑和呼吸功能，同时平衡人体脉轮，让整个身体都充满活力。如果一开始就使用合适的支撑物，并能正确而规律地进行练习，以锻炼维持脊柱直立、打开髋关节的肌肉，在冥想中就能很容易地保持脊椎直立了。最后要牢记在冥想中应自然放松双肩。

冥想者的基本坐姿

要想进入冥想状态就必须采取一个舒适的坐姿使你能够保持静止不动。只有身体保持一段时间的稳定静止，才有可能体验到冥想状态。冥想时可考虑采取以下坐姿：

埃及式坐姿

许多人发现笔直坐在椅子上是进行冥想最为简单的方法。大腿应与地面平行，为了达到这个效果，你也许需要脱掉鞋子，将双脚放在垫子上。双手放在大腿上，掌心朝下，双脚平行，脚趾朝前。这个姿势被称为"埃及式"。如果此时你的背部倾斜，就会很快导致背痛，所以要笔直坐立，脊椎下端紧压住椅子后背或是靠在垫子上。

一旦以这个姿势坐定，你就能很长时间保持不动，而且随着练习次数的增多，你会感到越来越舒服。坐定后，大约花 10 分钟时间关注自己的呼吸，或者进行呼吸练习以便将能量集中到脊椎处，这时你会感到体内充满能量，身体非常放松。

席地而坐

席地而坐是东方人传统的冥想姿势。因为古代东方人日常坐姿便是席地而坐，所以，东方人的髋部比较灵活，能很容易、很自然地盘腿坐在地上的垫子上。西方人可能刚开始需要先放松髋关节才能盘腿坐下来，这是有额外好处的，能够减少年老后患关节炎的概率。但是，坐在椅子上或是金刚坐姿（双膝并拢，坐在脚跟上的坐姿）要比尝试交叉双腿却导致垂头弯腰的姿势好得多。无论你采用哪种姿势，刚开始时最好利用一些物体来支撑住身体，帮助脊椎保持直立。

在选择冥想坐姿的时候，要选择身体部位不会感到紧张的姿势。在练习初期，可以尝试坐在软垫或瑜伽垫上。只有当背部肌肉锻炼得比较有力时，才能做到在没有支撑的情况下保持较长时间的坐立姿势。如果席地而坐的姿势让你觉得不够舒服，那么可以先尝试坐在椅子上练习。

一旦你选定了某种坐姿，就可以按照以下步骤开始练习：

· 臀部放平，坐直，保持身体基部的稳定与平衡；

· 髋部和双腿放松，这样双膝才能自然地靠近地面；

· 拉伸脊柱，保持背部挺立，打开前胸；

· 肩部放松，双臂下垂，双手放在膝盖上；

· 面部和下巴放松，下巴微微向下内收，拉伸颈后部；

· 目光柔和，注意力向下或彻底闭上眼睛，将注意力放在呼吸气流的自然流动上。

静坐时，留心脑中涌现的杂念，只简单地观察它们，而不能为其所扰，陷入其中不能自拔。一旦注意到有杂念涌入脑中，花一点时间通过吸气的方式将它们吸收进来。不要为之生气、恼怒或试图压抑它们，因为这样做只会使你进一步被它们所困。

把所有杂念都吸收进来。看着它、观察它、承认它、感觉它，然后再轻轻地、缓慢地用呼气的方式将它排出，这样既能清理思想，也能将注意力重新转回到呼吸的自然气流上来。经过一段时间的静坐练习后，思想会变得越来越安宁和平静，这时候你可以把注意力放在各种脉轮的位置、感觉或象征性意象及其含义上来。

打坐的6种基本坐姿

正确的冥想坐姿可以让两髋、两膝、两踝得到充分的放松，并且能够加强神经系统，减轻和消除风湿和关节炎，以此让我们的身体受益。高级冥想练习者都会选择打坐，打坐又再细分为 6 种，即简易坐、单莲花坐、双莲花坐、至善坐、吉祥坐、雷电坐。下面就分别为大家介绍这几种坐姿。

简易坐

简易坐是一种舒适安逸的坐姿。挺直身体坐下，髋部放松，双膝分开。每只脚都塞到对侧的大腿下面，这样双腿的重量就落在双脚上，而不是膝盖上了。在大腿下放个软枕，或者如果你感觉背部有压力的话也可坐在软枕上。尾骨自然放松，让"坐骨"来承担身体的重量。双手放在膝盖或大腿上，掌心向上。以此坐姿，可以 10 分钟、20 分钟递增。

单莲花坐

坐在地上，垫一个小垫，便于稳定，两腿向前伸直；弯右小腿，把右脚紧顶再放在左大腿内侧；弯左小腿，把左腿放在右大腿上面；肩背正直，下颌内收，两手相叠，拇指相对放在腿上。以此坐姿，可以 10 分钟、20 分钟递增。

注意：患坐骨神经痛或骶骨有疾患的人不适合做这个练习。

双莲花坐

坐在地上，垫一个小垫，便于稳定，两腿向前伸直；弯右小腿，把右脚放在左大腿上，脚底朝上；弯左小腿，把左腿放在右大腿上，脚底朝上；肩背挺直，下颌内收，两手相叠，拇指相对放在腿上。以此坐姿，可以 10 分钟、20 分钟递增。

注意：每次打坐之后，要按摩两膝和两踝。一旦两膝或两腿开始感到难受，最好立即解除这个姿势。在你间歇地试做了一个月之后，还不能感到这样的疼痛感、辛苦感已经消失，那就不要再尝试了。

至善坐

至善坐被认为是最重要的一种姿势，瑜伽哲学中说人身上有七万二千条经络，而我们的生命之气就在这些经络里流通，所以至善坐有助于清理这些经络，使之畅通无阻。

坐在地上，两腿并拢同时向前伸展；弯曲左小腿，用双手抓住左脚，用左脚的脚跟紧紧顶住会阴部位；然后弯曲右小腿，把右脚放在左脚踝之上；把右脚跟靠近耻骨，右脚底板则放在左腿的大腿与小腿之间，背、颈、头保持直立。

接着闭上眼睛，开始内视。内视，其实就是在闭上眼睛之后用心眼来看闭眼之后的一切。一般人会不知道该看什么，能看到什么，所以，当你闭眼内视的时候，就先让双眼凝视鼻尖部位，有了一个目标后就会舒服很多。

保持这个闭目内视的姿势尽可能长的时间，视个人情况而定。有些人刚开始可能只能坚持几分钟，当可以慢慢地静下心时，就可以坚持很长时间了。

睁开眼睛后，放开双脚，休息几分钟，换另一条腿再做一次。

温馨提示：随意一点坐下也可以，但一定要背、颈、头保持直立。

功效：镇定安详，并且对脊柱下半段和腹部器官有补养增强的作用。提升生命之气，并且有控制性欲的效果。

雷电坐

两个膝盖跪在地上，两个小腿和脚背贴在地面上；两膝靠拢，两个大脚趾相互交叉，这样便使两个脚跟向外指了；伸直背部，将臀部放落到两个分离的脚跟之间。

温馨提示：动作非常简单易做，初次练习时会觉得两个脚趾相互交叉有点困难，多练习几次就可以了。

功效：在饭后5～10钟后做不仅能够非常好地促进消化，同时还可以治疗胃酸过多、胃溃疡等胃部疾病；有助于按摩生殖器的神经纤维，对盆骨肌肉有伸张的作用，所以也适合产前练习。

吉祥坐

坐于地面，两腿向前伸直；弯曲左小腿，左脚板顶住右大腿；弯曲右小腿，右脚放在左大腿和左小腿腿肚之间；两脚的脚趾应该楔入另一腿的大腿和小腿腿肚之间；两手放于两腿之间的空位处或放在两膝之上，头、颈和躯干保持在一条直线上。

这个姿势除了会阴不被顶住之外，其他各方面完全和至善坐一样。

功效：这一姿势效果和至善坐大致相同，只是程度稍逊。由于会阴并不被顶住，就不会自动地把性冲力引导向上、沿脊柱上升。这就意味着它不仅对性欲的控制没有至善坐的相同效果，而且像镇定安神、警醒机敏等益处也多少有些减弱。

注意：患有坐骨神经痛或骶骨感染的人不应做这个姿势。

冥想者的基本站姿

站立式是静态冥想的基本姿势，也是动态冥想的开始姿势。

冥想站姿的要点包括以下几点：

（1）双脚分开，与肩同宽；脚尖平行或者稍稍外倾；

（2）双臂自然垂直，置于身体两侧即可，掌心向内；

（3）背部直挺，保证脊椎和地面相垂直。有些人由于长期不良的身体姿势，背部有些微驼，这时，不妨使用这个方法纠正：双手手掌合并，向上举，手臂外侧紧紧地贴着自己的耳朵，尽量向上拔你的手臂。想象自己是一棵坚挺的大树，笔直地向上生长。这个动作能够让你的脊椎拉直，当你感觉到自己的脊椎已经直挺，就可以放下手臂了；

（4）头部和肩部自然、端正。这样能够矫正颈椎，改善肩周病变，也能够让身体气脉贯通。要让头部和肩部达到自然和端正，不妨采用以下方法：双臂绕到背部，左手抓住右手的手肘，右手抓住左手的手肘，双肩尽量向打开。这样，就能够彻底打开双肩了。

这样站定后，就可以开始冥想了。

冥想者的基本卧姿

一些冥想练习需要在卧姿的状态下进行。冥想中的卧姿，一般都不用枕头，而是利用瑜伽垫，平躺在地面上。平坦的地面恰恰能够帮助我们拉直脊椎。

冥想卧姿的要点包括以下几点：

（1）调节脊椎的位置，轻轻挪动颈椎和腰椎，使身体是直的，但是不要紧绷；调节肩部，使你感到肩膀和脊椎是垂直的；

（2）平躺下，让双手自然地放在身体两侧，不要紧贴身体，也不要离开太远；手臂伸直，但是不要有紧绷的感觉。放松肩背和手臂，直到你感觉到肩关节、肘关节和腕关节逐渐松弛下来；双手保持松弛，可以半握拳，也可以掌心向上；

（3）双腿伸直，微微分开，两脚之间的距离约为肩宽的距离；放松你的双腿，让髋关节、膝盖和踝关节都很放松，你腿部的重量都均衡地分布在肌肉、小腿肌肉和脚后跟上；

（4）深呼吸，感受一下你的整个身体被安放在地面上的稳衡感；如果你感觉身体哪里还有紧绷或者不适的感觉，继续按照上面的步骤调节紧绷的部位。

冥想者的基本手势

手可以被看作内在自我的象征，也可以被看作是连接宇宙能量流动的通道。自古代以来，手就被修行者用来祈祷，用来与宇宙的力量进行交流。在冥想练习中，手势扮演着重要的角色，每个手势都有其代表意义。

下面是集中冥想中的常用手势，请大家体会一下，找到最适合自己的手势。

（1）打开的手掌。打开手掌的姿势象征着开放，并能创造一种途径，让有治疗作用的能量通过胳膊从手掌流到大气中；双手手掌自然打开，轻轻地放于膝盖上，手掌朝上。

（2）祈祷的手势。双手的手掌合在一起，手指向上，想着自己坦白、虔诚、真心地想要接受宇宙的恩赐。

（3）参禅式手势。参禅式手势也叫作杯状手势，常常用于佛教冥想。左手手掌打开，右手轻轻放于左手之上。右手代表阳性和意识，左手代表阴性和心脏。这一手势表示，意识臣服于心脏，意识处在一种安静、专注的状态之中。

（4）食指和拇指之间相合。这种手势是两手每只手的食指尖和拇指尖合在一起。这个动作的含义是个人意识和宇宙意识的结合。由手指创造的圈代表"出生"，象征寻找知识和新的觉悟。

注意：要让拇指压着食指，而不是食指压着拇指。

3. 冥想有哪些最有效的方式

禅坐冥想：跏趺坐上的觉悟

禅蕴含于生活之中，存在于洗手、穿衣、吃饭，甚至睡觉中。

而禅坐冥想就是要减少无益的妄念，使大脑经常保持轻松与冷静的状态。

禅坐的功用在于训练自己的心，让人从执着、成见、偏见、野心、贪婪和情欲中解脱出来，克服精神压力、紧张、焦虑、忧郁和敌意。它是现代人寻求精神愉悦、清醒自我、放弃偏执的好方法。

什么是禅坐？其实就是坐禅。坐禅的基本要领是调身、调息和调心，三者之中，以调心为重心。

禅坐冥想在养心养身的同时，还是发掘和发挥人的潜在智能和体能的好方法。禅坐会让人坚强意志，改变气质；在身体方面，可以获得新的能量和活力；在心理方面，会得到新的希望，对周围的环境和状况，会产生新的理解和认识。此方法需要长期长时坚持，多为佛道修行者采用。

禅坐对于各种慢性疼痛也有奇效，特别是腰颈疼痛。腰颈疼痛大多是由于情绪不良以及工作休息时身体姿势不正确，造成的腰颈部肌肉收缩不协调。习惯禅坐后，会自然而然地注意保持正确的身体姿势，在一定程度上消除病因。

禅坐还会对人的心智产生深刻影响，使人思维敏捷，观察力增强。

坐禅冥想姿势为：双腿盘坐，右脚背压于左大腿内侧，左脚背压于右大腿内侧。采用腹式呼吸，将注意力集中在呼吸上，一开始不必强求腹式呼吸，顺其自然，保持平常呼吸。持续下去，日子稍久，放慢呼吸速度，从而逐渐达到腹式呼吸。一个练习禅坐的人，平常应常常运动，如慢跑、打太极拳、做体操、练瑜伽，等等。运动有助于血液中的化学平衡，使精神愉悦、神经松弛，减少心理上的紧张和焦虑。

在禅坐前后，均需做适量的暖身运动，并注意按摩全身各部位。禅坐前先运动后按摩，以期身心轻安，血液循环正常。禅坐之后，先按摩后起身，再做运动。按摩时先将两掌搓热，再轻轻按摩双眼，然后依次按摩面部、额部、后颈、双肩、双臂、手背、胸部、腹部、背部、腰部，再至右大腿、膝盖、小腿，再至左大腿、膝盖、小腿。

禅坐并不限定时间，只饭后半小时内不宜。一般人因工作繁忙，可选择早晚练习。时间随自己适应能力由短而长，短则 3 ～ 5 分钟，长则 1 小时或更长，乃至数小时或数日，一切随缘，不宜勉强。

静坐冥想：感受平和的自我

静坐冥想和宗教性质的禅坐不能完全等同。禅坐是一门禅定的功夫，而静坐的现代含义是以坐姿入静。静坐所采取的姿势通常是放松舒适，也是冥想的一种简单的放松心情的方法。静坐会使呼吸次数减少，心跳减慢，降低肌肉紧张的程度。心理和生理是分不开的，静坐可以增加自己的内控程度，促进自我实现，改进睡眠状况，而且在面对压力的时候，也会有更多的正向感受。

静坐要找个舒适、安静的地方，尽量排除外界的干扰。坐在椅子上静坐时，让臀部靠着椅背，双脚略微伸直，双手放在膝盖上，尽量让自己的肌肉放松。若坐的地方足够大，也可以选择盘腿姿势。然后，闭上双眼，吸气时心中默念"1"，吐气时则默念"2"。不要有意去控制或改变呼吸频率，要很有规律地吸气、吐气，如此持续 20 分钟。静坐时，头不要垂下来，要轻松地挺直脖子或者靠在长背的椅背上，因为垂头会使头部和肩膀的肌肉得不到有效放松。如何知道 20 分钟是否到了呢？你可以看看手表，若时间还没有到，则继续；若时间到了，则停止。在整个静坐过程中，看一两次时间是不会影响静坐效果的。以后静坐次数多了，自然会产生 20 分钟的生物钟。

通常在静坐过程中不会有什么问题出现，但若感到不舒服或头晕眼花，或者有幻觉的干扰，只要睁开双眼，停止静坐就可以了。每天最好静坐两次，每次 20 分钟，以在起床后以及晚餐前各做一次尤佳。

静坐练习能让静坐者的神经系统从粗糙状态进入精微状态，在静坐过程中，应该尽可能地延长放松感及均衡感的时间。在张开双眼前，花 1 ~ 2 分钟感受周遭的世界；然后张开眼睛，安静地坐 1 ~ 2 分钟，这总共约 2 ~ 4 分钟，只单单在体验"纯粹坐着"的感觉。接着，在保持清醒的状态下慢慢地伸开双腿，缓缓做几次呼吸，就可以起立去做其他事情。

读书冥想：汲取灵性之光

上班族总会有这样的烦恼：虽然想隐居山中，用一周时间好好注视反省自己，却苦于没有时间。但在自己工作和生活的附近，却找不到好的地方来进行冥想。对于难于抽出时间和找不到地点而苦恼的人，"读书冥想"是一个不错的方法。

读书冥想时，读书的时间因人而异，也没有规定说一定要读完全书，一半或者 1/3 也行。但是在读书的这段时间内，一定要排除所有杂念，坚持读下去。

有的人会采用边读边画红线的方法来使自己集中意识，这种方法不错。还有的人会特地利用坐车的时间来进行读书冥想。因为在车上，特别是通勤时间，混杂了各种各样的信息，会看见各种人、听见各种声音、看见各种事物。如果能在这种环境中，不考虑其他事，持续读一段时间书，就算是达到很高的高度了。而且可以以此为跳板，让这种集中力向更高次元的方向、向更高的精神境界形成集中力。

在做这种训练的时候，应该先以较短的时间为目标，比如 15 分钟或 30 分钟。能在这段时间内做到专心致志，没有任何杂念浮上心头的话，再试着把时间拉长，比如 1 个小时，2 个小时，甚至 3 个小时，逐渐进入比较高层次。

如果车上太过拥挤，连读书的空间都没有了的话，这个时候不妨选择一个主题进行思想与冥想，可以是"生活目标的冥想"，可以是"让工作更顺利的冥想"，也可以是"关怀与爱"的冥想。总之，试试自己能不能在一段时间内对一个主题进行持续的冥想，这也是训练集中意识的一个好方法。

锻炼集中意识，能让我们提高"读书冥想"的成功率。

物件聚集冥想：深度专注的神奇效果

冥想者可以利用自己放在冥想空间的物品来进行一项经典的冥想练习。这种练习被称为"特拉塔克"（Tratak），或"物件聚集冥想"。这需要你坐直不动，同时凝视一件物品。

通常凝视的焦点是一根点燃的蜡烛。如果你练习这种形式的冥想，要确认一下房间内无风，因为风会吹得烛焰摇摆不定，让人头痛（癫痫和偏头痛患者应该避免凝视烛焰）。要柔和地凝视，而不是瞪着眼睛看。片刻后，闭上双眼，在头脑中想象蜡烛的形象。当它逐渐淡化时，重新睁开眼睛，凝视蜡烛，并重复这种臆想过程。几次之后，你头脑中的形象就会逐渐巩固，而集中的程度也会加深。

你可以在开始冥想前先点燃蜡烛，在结束时吹灭它，同时心中默念"谢谢你"。烛焰通常代表着神性显灵。如果你能真心喜欢去培养这种对神性的更强烈的感知力，那么神性就会围绕在你身边并存在于你体内。

物件聚集的形式有很多种。你可以手拈一枝花，在手中把玩，观察它的颜色和结构的每个细节；或者手中拿一块水晶，感觉它的形状和清凉，这是另一种形式的特拉塔克——不过在这个时候，你的双眼要一直闭着，所谓"凝视"其实是通过触觉来完成的。你也可以选择任何能启发你心灵的物品来"凝视"，都同样有效。

断食冥想：清洁身心

断食期间，大脑特别清醒，是最好的冥想时机。许多伟大的修行者正是在断食期间的修炼过程中悟道的。

断食原本是古老宗教中的一种修炼方式，修行者通过断食来提升自身心灵的境界。其实，很多动物的生活中都会有这样一种情况，只有人除外，比如，冬眠的刺猬和每隔一段时间就会"绝食"一天的猫，可从没有听说过它们这样便会被饿死，断食反而让它们更加活跃，连精神也好了很多。

人的身体正如动物的身体一样，并不需要餐餐饱食。有时没有东西落肚，对身体毫无伤害。相反，若身体未做好接受食物的准备，勉强进食，身体不但不吸收，反而会受到损害。这是因为人体的消化系统会受情绪影响，我们在疲倦的时候、心情紧张低落的时候、生病的时候，体内的分泌完全反常，倘若有食物进入消化系统，会滞留其中，变成有毒物质。

断食是一种洁净身体的方法，偶然来一次断食也是一件很美的事情——什么都不做，不吃东西，只要休息。喝尽可能多的液体，只要休息，身体将会被清理干净。

每当你在断食的时候，身体就不需要去做消化的工作，在那一段期间里，身体的工作可以放在将死亡的细胞和毒素排出上面，你没有吃任何东西，身体就开始自我清理。

断食真正的意义是在灵修锻炼上，瑜伽论中断食的梵文名称为"upavasa"，其意为保持最亲近至上意识的状态，亦即将个体心灵融入至上意识之波流中。因为断食的时候不需要用太多能量来消化食物，大脑会极度清醒，如果以适当的灵修方法引导这些能量，将可使他们的心智提升到最高的意识境界。断食除了灵修的目的外，也是最古老的自然疗法之一，即用来控制心智和食欲的方法。

愿景冥想：提前享受愉悦

愿景，是我们每个人可以觉察到的动力和激情的来源，是我们生活的最重要的精神支柱。愿景的形成，不是一朝一夕，也不是随便就可以被否定的，是我们多年的生活经历所塑造的。因此，愿景本身，携带着巨大的能量。

在做愿景冥想的时候，你要决定自己到底想做什么样的冥想，想要达到什么样的效果。这样设计之后的愿景冥想会更有效一些。你可以随便地想象，尽量避开任何会给你造成压力的东西，想象正面而积极的场景。当你的冥想结束时或者你觉得你的冥想愿景设计好之后，你可以把这样一幅愿景收藏在你内心的某个地方，那就是你生活的目标。下一次冥想时，你可以仍然这样冥想，或者做一些改动，都没有关系，但是要记住：要产生积极的效果。

现在我们可以坐下来或者躺下来，放松自己，调整你的呼吸，让你的心灵从现实的烦琐束缚中抽离出来，向更深的地方探索。

请你把注意力集中到你的愿景上，不管这个愿景是什么，都集中地想它。一般来说，愿景是形象化的，而不会是抽象的，例如温馨的家，总是伴随着一系列的形象，爱人的笑脸、舒服的沙发、你喜欢的装饰风格、窗帘的颜色、家具的款式和色彩……让这些形象显现出来，使你陶醉其中。

这时，你心里会出现一个声音，这个声音往往来自我们胸腔或者腹部或者某个部位的一种不舒适感，这个声音在说："好难啊，我做不到！"这就是这个练习所要解决的问题。

当这个声音出现时，你要控制你的注意力，不去搭理它，而是尽情地陶醉于你的愿景当中。要让自己有身临其境的感觉，让自己完全沉浸在成功的喜悦当中，牢牢记住这个感觉，牢牢记住这些景象。

当你回到现实中，面对困难和挫折的时候，请你深呼吸，然后仔细回忆这个景象、这个感觉。你的力量，将会因此而被唤醒。

也就是说，这个练习其实是两个部分。在冥想的时刻，要让愿景形象化和清晰化，并且深深地记在你的脑子里；然后，回到现实中，能够随时拿出来用。

冥想的时间，不要少于15分钟。总之，想得越丰富越真实就越好。

语音冥想：与灵性振动

语音冥想是指，通过反复念诵一个音节，使人超越世俗的思想、忧虑、欲念、精神负担，等等。在帕坦伽利的冥想项中，开头就是"要完全地归顺你万能的主……他是通过神圣的'噢姆 OM'或'嗡 aum'音来显灵的。这个音咒要重复地念，才能真正理解它的精髓"（引述自阿里斯泰尔·希尔拉翻译的帕坦伽利《瑜伽经》）。"OM"或"aum"，在很多文化里都存在，作为一种原始的声音，它的振动能把宇宙之气带入人体内。每天都重复"噢姆"咒，或大声吟唱，或悄声低语、重复默念，这些都能对你产生累积的、深远的有益影响。

大声吟唱时，"噢姆"的声音——发音起来好像英语单词"家（home）"的声音——应该要深沉且饱满，并且在念诵时你要处在深度稳定状态。你可能有时候会听到一些余音，当一大群佛教僧侣同时以一个低沉的嗡嗡声念经时，同样的音符在更高的音调下就会产生一种微弱的声音，余音就像仙乐一样绕梁不绝。

"噢姆"的发音可以分成3个音节——a（发音为"ah"，意为万物的创始），u（发音为"ooh"，意为持久的现在）和m（发音为"m"，意为宇宙的消亡）。这三者恰好与真实、存在、至福相符。a是生命、时间和形态的开始；u通过宇宙之间的爱维持；m只有当我们亲自体验到灵魂就是一切——而其他的只是思维幻觉这一点时才会出现。

以下两种方式能够增强语音冥想的功效：

（1）用念珠来吟唱

一串念珠有 108 颗珠子。将它持于右手，穿过拇指（代表宇宙的意识）和中指（代表启发层次）。每念一次冥想咒就拨过一颗珠子。从较大的那个珠子开始，当你念完 108 次又回到这颗珠子时，不要拨过它，而是把念珠转过来原路再做一遍。

（2）一群人一起冥想时吟唱咒文

当一群人一起冥想时，冥想就变得尤其有效。每个人都发出自己的声音，所有人同时吸气（通过组长的指挥），然后在缓慢呼气时一起吟唱 a、u、m。冥想最后结束时，每个人用自己的声音和节奏吟唱"噢姆"，这样所有的声音融合在一起，直到自然地停止。接下来是一片寂静，直到结束时的伏地祈祷仪式。越多的人参与到吟唱"噢姆"的冥想中，它的力量就越强大，而接下来的安静也能持续地更长。

祷文冥想：归于平静安宁

在世界上，各大宗教普遍采用的一种冥想方式就是祷文冥想，以念祷文的方式进行冥想练习也是最简单方便的冥想形式。佛珠或梵语中的"玛那"通常是祷文冥想的辅助工具。

祷文冥想的练习是十分简单的过程，只需要闭上眼睛，专心复诵祷文，最好在吸气和呼气的时候也不要中断诵读，也许别人听不到但你要时刻关注这个声音，营造出一种持续的能量流动。

最常见的祷文多是宗教性的。比如，藏传佛教中的"唵嘛呢叭咪吽"，东正教复诵的是："主，耶稣基督，圣子，宽恕我这个罪人。"

而神经语言程序学家建议人们自创祷文，将一些肯定积极的正面语句植入潜意识里。比如"我很乐观，无忧无虑""我健康快乐，心满意足"。但是，对于刚开始接触祷文冥想的朋友，建议大家最好找个专家指导你如何复诵，他可以是宗教里的大师也可以是世俗的高人，这样便于你尽快掌握祷文冥想的使用方法，让其发挥更好的效用。

另外，还有一个冥想工具是一些简短的重复字句，那就是咒语。咒语和祷文一样，可以在冥想中低吟、默念，它是一种神圣的声音，可以将所有事物内隐藏的能量发掘出来并充实冥想者的内心。

在古代语言中，咒语经常被使用，据说过去的人们离"本原"较近，所以他们的语言更具有精神力量。就像现在对祷文的理解不同一样，过去对于咒语也有不同的使用方式，有些冥想传统认为咒语只能念101或109次，他们用珠串计算这个词被念到的次数，紧接着是无声的冥想，然后在声音的共鸣中放松。其他学派要求整个冥想期间仍要不断地重复咒语。但这都不影响人们的修炼，无论是咒语或祷文，在重复了数次之后，都可以在冥想中把你带离思想的纷扰之外，起到镇定和平衡的作用。

芳香冥想：最优雅的冥想

芳香冥想是一种有嗅觉功效的冥想，冥想者选择适合自己的、喜欢的香薰精油，利用嗅觉慢慢释放心灵毒素，调节身体压力和不适，达到良好的减压和美容效果。

传统的芳香疗法也可以用来排毒。通过皮肤表面按摩或呼吸吸收植物精油，来放松身心，缓解压力，排除身体积累的毒素。当这些植物精油分子随着血液流动到大脑时，会刺激大脑兴奋起来。如果我们吸入了这些特殊油的芳香，这些分子会进入鼻子，通过鼻膜，触动嗅觉神经，到达人体大脑。吸入这些油的香气是获益最快的一种方法。

最常见的芳香疗法包括精油沐浴排毒和精油按摩排毒。

（1）精油熏香冥想

选择好自己喜爱、适合的香薰精油，放入精油炉加热散发香气，选择坐式盘腿的方法，采用缓慢的腹式呼吸。想象着自己已经达到喜欢和向往的地方，从头部开始放松，接着是肩部、腰部、背部……然后告诉自己"我现在彻底地放松了，我的心灵找到了真正的安宁，我已经没有烦恼了"等类似的暗示语。

（2）精油沐浴排毒

在进行精油芳香沐浴之前，先要用牛奶或大量的酒精将精油冲淡，这样会把精油溶解成很小的液滴，可以使精油和水融合在一起，稀释精油，从而不会造成对皮肤的伤害。在浴缸里放满热水之后，取一勺冲淡剂，在其中加入几滴精油，然后淋在热水表面。关好浴室的窗户，尽量不要让蒸汽跑掉。这时，可以进入浴缸，把身体浸泡在水中，深呼吸，把混有精油的蒸汽吸入身体。让皮肤充分浸泡，放松身体，并吸收精油。就可以尽情享受这种舒缓的放松了。

（3）精油按摩排毒

先将植物精油稀释，然后将其直接涂抹在皮肤上。因为这些油浓缩的都是精华，未冲淡就直接用的话可能会引起皮肤疼痛甚至灼伤。也可以用植物油作为底油进行稀释，如橄榄油、葵花籽油、红花油、葡萄籽油、坚果油和芝麻油都是可以被利用的。这样的油几乎未经过再提炼，是最天然的，极易被皮肤吸收，可充当滋润霜用。

把精油涂抹在皮肤上，自行按摩即可，按摩时尽量使这些精油在皮肤上停留一小时，让皮肤在这段时间内一直吸收这些油。如果你在按摩结束后想穿衣服的话，请擦干身上所有的油，否则可能会把你的衣服弄脏或染上颜色。

烛光冥想：最浪漫的冥想

烛光冥想可以让人放下所有的私心杂念，感受当下的内在平静，可以使人解除压力，从而使心灵更加平静、精神更加饱满，自信心无形增强。

烛光冥想是用眼睛，眼睛张开，不要眨眼，其实只要掌握了原理，不使用蜡烛也可以掌握冥想。不使用蜡烛，把眼睛睁开，尽量不眨眼，这时头脑的思维就停止了。

烛光冥想通过凝视可以加快眼部的血液循环，而流出的眼泪又可以排出眼中的杂质。它可以提升自信心，练就有神的双目，让你能坦然面对他人的注视，目光不会游离。

接下来简要介绍一下烛光冥想的基本方法。

准备蜡烛，火苗的高度要和眼睛处于一个水平位置，身体距离蜡烛一臂半左右。视力较弱者对烛光的刺激更敏感，因此要稍微远离烛光。如果单眼的度数高于400度，那么距离应在2米左右。练习过程中，可以戴框架眼镜，但不能戴隐形眼镜。因为练习中很可能会流泪，从而让隐形眼镜移动，刺激角膜。做过眼部手术的人（如近视眼手术）最好先咨询医生，一般是术后3个月可做烛光冥想，患有抑郁症的人不可以进行烛光凝视。

盘坐或者跪坐的姿势都可以，但是不要弓腰驼背。如果选择盘坐姿势，要让膝盖低于髋关节，柔韧性差的人可以用垫子将臀部垫高，这样能保证腰背部在练习过程中是伸直的。

眼部放松：闭上眼睛，深深地吸气，缓缓地呼气，腰背挺直，全身放松。首先将头转向左侧，视线落在左肩后方，再将头转向右侧，视线落在右肩后方；然后向上看，当你的眼睛朝上看的时候，你的视线应集中在鼻子上，最后是下方，尽量让你的下颌抵住锁骨。注意动作缓慢、均匀，然后做5个深呼吸，睁开双眼。接着是活动眼球，上下左右连续转动，每个动作的间隙，可以闭上眼休息一会儿，感觉心是完全的静止状态。

烛光冥想：做完眼部放松动作后，慢慢睁开眼睛。睁开眼时，你的视线不要直接落在烛光上，而是逐渐地从你的膝盖移到面前的地上，再抬高视线至烛台的下方，最后移到烛光上去凝视。凝视时眼睛要放松，尽量不要眨眼，等到感觉眼泪要流下或已流下时，缓慢收回目光闭上眼睛，把掌心弓起，使手掌呈碗状扣在双眼上，停留 5 ~ 7 个呼吸，放松一下。然后睁开眼睛直接凝视烛光，感觉眼睛发酸、眼泪要流下或已流下时闭上眼睛，双掌相合揉搓后扣在眼睛上，让眼睛稍作休息。这个时候如果够专注，你的眉心会出现蜡烛的火光，用意识将它牢牢地抓住，火光会越来越小。当眉心的火光消失了，你再睁开双眼继续凝视烛光……这样反复注视烛光大概 10 分钟。

全身放松：最后，让自己平躺下来，全身放松。放松完毕，深吸气，身体坐立起来，吹灭蜡烛。

音乐冥想：最享受的冥想

音乐冥想是一种优雅的冥想方式，没有固定的动作，只要自己觉得舒服和适合就可以。

冥想时，需选择一些舒服、放松和喜爱的音乐，最好是自然界声响的音乐，如浪涛、花香鸟语等，也可以是自然加上柔性的东西方乐器、神秘的电子合成音乐……这些音乐能够引导冥想者进入神奇的自然冥想状态，不同的音乐能带来不同的心灵境界。

音乐冥想在使人获得身心平和安宁的同时，还有激发无限的精神之爱和幸福美妙感受的作用，同时还能刺激心灵焕发新的内在能量、净化心灵、释放心灵毒素等。

音乐冥想的基本步骤如下：

第一，以放松的姿势伸展背部，肩膀放松，然后轻轻地闭上双眼，倾听着美妙音乐的同时慢慢地呼吸；

第二，先尽可能地呼出体内的浊气，然后用鼻子吸气，让肚子鼓起来；同时，去感觉吸入周围的一切喜悦，一边在心里说"太好了"一边吸进新鲜空气；也可以想象着吸进了许多宇宙的能量；

第三，接着用鼻子吐气。这时，想象自己接受了喜悦，以感谢的心情在心里说"谢谢"，同时心中描绘自己送出内心净化了的能量的影像；

第四，冥想中什么都不要考虑，只要全身心地沉浸在喜悦和感恩之中即可。

进行音乐冥想时，音乐的选择很重要。不同的音乐能带给人不同的心灵境界，但一般以柔和、愉快、轻松的音乐为佳。

当你出现焦虑、忧郁、紧张等不良心理情绪时，不妨试着在音乐冥想中看看"多瑙河之波"，逛逛"维也纳森林"，让自己在短时间内放松休息，恢复精力。

印度式冥想：与自然合二为一

古印度人追求最高的神性，这种神性是一种道德品质极高、意识极纯粹、灵性极深的东西。这种神性也要通过冥想与自然相统一。印度式冥想不是单纯的打坐，也不是日本把禁止欲念作为全部修行特征的坐禅，而是一种让身心返归原始自然的状态，让身体和精神同时得到疗养。

修行印度式冥想就要做到如同古印度人面对恒河水的想象，感觉自然的母体力量在体内经过，同时对"神圣真理"保持企慕，这样才能用冥想的力量净化身心。这样一来，一方面可以借由内在的静定使身体完全放松，就像享受深度睡眠一样；一方面借由灵性使自己克服消极，吸收"光明"的力量。

古印度高僧们到深山老林中进行冥想，在与自然的深入且长期的接触之后，他们领悟到了很多自然法则；瑜伽中很多体式就是来源于此，比如鸟式、蝗虫式、猫式等。瑜伽这些体式能够松弛神经、伸展肌肉、镇静心灵，而将生物的法则应用到人类自身，可以感应人身体内部的细微变化，引导人们探索自己的身体，观察受到各种心灵体验的刺激之后，人体的反应。

苦行僧之苦还在于单身修行的人一直靠心灵力量忍受疾病之苦。疾病也被他们看作是生理本性的一种变形。冥想便是他们的一种天然疗法，用冥想来调理身体的健康、治愈精神的伤痛。

色彩冥想：曼妙的七色之花

把色彩运用到冥想之中就是色彩冥想，这种冥想是把色彩作为主要刺激的练习方法。西方星相医学家认为，人是从宇宙的整个光谱里游离出来的一束光能，人本身就是一道缤纷的彩虹。因体能体质不同，而影响每个人体内系统的振动频率和能量磁场，进而焕发出不同颜色的光彩。通过观察这些光彩的色彩组合比例，就能够探知被观察者的健康和心理状况。

每个人都能从色彩冥想中获益，脉轮是人体的能量中心，也被认为是和色彩联系最密切的，其中 7 个脉轮从下而上分别对应红橙黄绿蓝靛紫 7 种颜色。选择相应的颜色，集中思想到一个脉轮上，就可以解决相应的心理问题。当然也能进入冥想状态，将抽象的颜色和客观事物结合在一起，对照脉轮，在生活中进行色彩能量的自然疗法，回归平衡的健康状态。

根据星相医疗的理论，火象星座：白羊、狮子和射手座属红色调，红色就是他们的幸运色，他们对红色的反应也最自在，因而红色最能刺激他们发挥潜能；土象星座：金牛、处女和摩羯座则属棕色调；风象星座：双子、天秤、水瓶座则属蓝色调；水象星座：巨蟹、天蝎和双鱼座，则以绿色调为主。

你可以选择一个舒服的姿势坐好，放松下来，闭上眼睛。想象自己来到了一个非常美丽的地方。四周围满了新生的草木，满眼是丰富的绿。绿充满了活力，是和谐的大自然的标识，使人宁静。那新发出来的绿，会使你心中慢慢地被爱意充盈。

色彩冥想法中除了绿色之外，其他不同的颜色也有不同的功效。红色可以使人活泼，改变冷漠，激发身体的潜能；蓝色平静祥和，可以帮助你缓解肌肉紧张，放松神经；紫色柔和镇定，可以用于催眠，也可以治疗精神紊乱；白色给人以明快清新之感，同时又很神圣，可以完全忘掉自我以及一切意识。

你可以选择一个最喜欢的色彩进行冥想。闭上双眼，放松身体，让脑中所有的思绪都慢慢地停下来。然后，有一种颜色会慢慢地呈现出来，越来越清晰、饱满，这就是你最喜欢的色彩。你不必在乎这个颜色究竟是白是红，色彩并非简单的红橙黄绿蓝靛紫。颜色的种类何止千万，远远超乎人们语言的描述。让这种颜色停留在你的意识之中，将所有的注意力都集中在颜色上去，你需要做的就是用心去体会，去感受，从这个颜色中获得你所想要的能量。不论意识中呈现出来的色彩是几种，都无须把脑中出现的色彩抑制回去，而是让它们自然地呈现出来。自始至终，你都用心去感受，这样就可以了。

曼陀罗冥想：解码心灵密码

曼陀罗是由各种各样复杂的图案组成，通常是圆形的，代表完整和统一：自我的完整，生活的统一和所有在宇宙中事物的统一。从"圆满"的这种词语可以得知圆形是图形中最完整的。而正方形具有平面空间不可缺的四方，而且也暗示着发展、展开。因此，也有一部分曼陀罗图案是方形的。

一直把曼陀罗当作沉思冥想的工具，使人类全神贯注观照本我，一方面借以获得意义非凡的经验，一方面产生一种心灵的次序。曼陀罗是内在心灵的地图，用来指引及支持有意识要提升精神意识者的心理发展。通过把思想集中于曼陀罗，刺激体内的宇宙能量的源泉，达到身心复原的目的。它同样也代表着生命周期的消长，因此通过凝视曼陀罗，使你感觉并了解你正处于某个特殊生命周期中。

我们也可以自己绘制曼陀罗图案。方法如下：

选定好绘画材料

你可以随着自己内心的想法，选择要在什么物质上作画，可以是纸张、泥土、石头、木材、布料，等等；选择你想要作画的工具，铅笔、水笔、水彩都可以。

选一个不被打扰的环境

选择一个能够让你内心平静的地点，在这里，你可以安安静静地绘制你的曼陀罗图像而不被人打扰。

让心灵安静下来

你可以通过调整呼吸等方法，让你的心绪彻底安静下来。不要再去想生活中的琐事。

开始绘制你的曼陀罗

你开始绘制你的曼陀罗图案，绘制的时候，不需要考虑你应该选择什么颜色，选择什么图案，只需让你的笔触跟随你的直觉即可。

确定曼陀罗的方向

任意翻转你绘制好的曼陀罗，从各个角度凝视它，重新定位出你心中觉得最恰当的方向，并标示出上面的位置。

你会在绘制和凝视曼陀罗的过程中与更深层次的自我交流。

4. 在运动中如何做到调息、调形、调心

气功是中国人所独有的，有着几千年的悠久历史，有关气功的内容在古代通常被称为"吐纳""导引""行气""服气""炼丹""修道""坐禅"等等。气功就是以中医理论内容为核心指导的"调神"的实践活动。气功的"气"指的是通过后天的呼吸以及饮食所产生的能量，这些能量就像我们平时补充的维生素一样拥有丰富的营养，如果能将这种能量运用起来，可以使身体达到必需的平衡与和谐。通常人们利用把重点放在呼吸和思想集中上的短时间练习来达到上述效果。

气功有三大要素，阴和阳以及对立平衡。具体来说就是帮助思想集中的镇静而机敏的心境；增强和循环气的自然深呼吸的能量；姿势和动作，比如挺直的背部。

第一，在练习之前需要镇静的心境，这种状态下的呼吸才是正确的，所以先清除头脑里的杂念，让全身放松下来；第二，保持当前积极的心境，然后用平静的深呼吸使气聚集；第三，就是正确规范的姿势和动作（甚至连想象和呼吸也需要规范），它们可以帮助我们把气引导到正确的通道上去。做到这些，全身心都会感到轻松愉悦。

调息的练习：吸气、止气、呼气

调息的练习包括 3 个组成部分，即吸气、止气和呼气，按1∶4∶2 的比例来进行。也就是说，止气要比吸气长 4 倍，比呼气长两倍。练习调息一定时间后，止气维持的时间可以依据自身情况逐渐加长。这种逐渐加长可以采用 2∶8∶4、3∶12∶6 或 4∶16∶8 的比例。

以下是对一种基本调息方法的具体说明，采用的是 4∶16∶8 的比例。

（1）用你右手的拇指把右边鼻孔堵住。用左边鼻孔渐渐地把空气吸入。当你在这样做的时候，在精神上默默地数到2；

（2）接着用你右手的第三和第四只手指把左边鼻孔堵住。在两个鼻孔都被堵住的时候，屏住呼吸，同时数到4；

（3）松开右边鼻孔，慢慢地把空气呼出，同时数到4，左边鼻孔保持闭塞；

（4）在左边鼻孔仍然闭塞，右边鼻孔开放的时候，慢慢地吸气，同时数到2；

（5）关闭右边鼻孔。在两个鼻孔都关闭的时候，屏住呼吸，数到4；

（6）松开左边鼻孔慢慢地呼气，数到4，右边鼻孔保持闭塞。

以上被称为"一圈"练习。

当我们在做调息练习时，要注意以下几点：

（1）调息者必须有健康的身体状况；

（2）调息练习时要穿一些宽松的衣服，不要阻挡生命之气在身体内流动；

（3）调息前要合理地调整饮食。不要吃得太多，让胃部保持部分的空置是合乎需要的。要吃清淡和有营养的食物；

（4）要以一种有节制的方式来练习调息，避免身体和精神的过度努力。时刻关注身体的反应，如果身体有不适感，应该立刻停止练习；

（5）不带冥想、持咒或灵性动机的调息会使内心变得烦乱，严重的时候可能会出现精神错乱。

值得提醒大家的是，调息练习存在一定的风险。除非冥想者已经长期坚持道德净化的时间，否则在做调息练习时会产生一些不良反应和混乱。最好是在专业人士的指导之下进行调息。

行禅：体会步步奇迹

行禅的冥想方式可以和坐禅冥想互补。行禅比传统的静坐冥想更容易成功，也更能够让人们体验到稳定感和安宁感。

行禅的方法很简单，只需要按照规定好的行走路线简单地绕室缓行就可以了。如果选择在室外进行行禅冥想，则要尽量选择空旷的场所。如果场所允许，光着脚行走能让自己感觉更加没有束缚。

在选定行走路线之后，从站姿开始，你可以双手自然下垂，也可以把手轻扣在身体前方或者后方。在行走的过程中，你的视线不需要锁定目标，放在前面几米的地上来避免视觉上的干扰即可。

在行走之前，要专注于自己的身体，渐渐地找到平衡感，感觉到你身体的重量在自己的脚上。把注意力全部放在自己的身体上后，开始行走。专注细节的感觉，感觉自己两只脚的抬起、落下，并且感觉到膝盖对抬脚的带动力。放松眼睛，让所在的风景在眼睛里流动。渐渐地，可以放宽你的专注力，体会走路时的所有感觉，比如地板的轻微凉爽感，行走过程中脚底与地面接触时的微微震颤感，空气中的微微清风，光线的颜色，等等。让这些感觉流过身体即可，不要让大脑做任何评判。在行禅过程中，不要让步伐像平时一样匆忙、不完整，而要放慢速度，让每一步步伐坚实、沉稳、平衡。

最后，让你的身体自然地停止步行并且再度感觉站立。结束行禅。

行禅冥想可以帮助人专注思想，集中精神，同时让人从思维上、态度上保持一种平稳、稳定的心态。其实，在生活中我们需要步行的时候，我们就可以把这种行禅冥想转换成慢走冥想。其实行走时把注意力放在姿势、呼吸和冥想上，哪怕环境再嘈杂，心灵都会变宁静，整个人也会因此大不同。

瑜伽：借由身体姿势获得大智慧

瑜伽的冥想方式能使人内心更为平静，有利于消除紧张、怒气，等等。从某种意义上说，人的免疫系统和心情紧密相连，可以说，瑜伽冥想也是强有力的预防性良药。瑜伽冥想是运用瑜伽动作，拉伸身体关节，使其放松，也使心情彻底放松，把注意力集中在某一特定对象上的深思方法。瑜伽冥想是身体与精神双受益的方式，一般来讲，瑜伽冥想能够深度养心，因此能让人深度放松、调养身心，特别适合患焦虑症、轻度忧郁症、轻度强迫症、慢性失眠和更年期身心症等人群。能让练习者放弃对身体健康有摧残力的坏习惯，如饮酒、吸烟、暴饮、暴饥等。瑜伽冥想练习极为简便易行。

第一，开始练习冥想的时候，全身放松，要暂时放下一切思绪，全部的意念集中在身体上，把自己的处境幻想成一个鸟语花香的地方，使身心得到放松。随后，整个人感觉就像是飘浮在空中，烦恼杂念全无，仿佛这个世界就只有自己一个人存在。

第二，选择一个让自己感觉很舒服、放松的姿势来练习。如果可以的话，用全跏趺坐的姿势；如果你不能做这样的姿势，则可以选择半跏趺坐或简易坐，即左脚脚心贴在右大腿内侧，右脚脚心反方向贴在左小腿内侧，双腿尽量平铺在地板上来练习。

以上各种坐法，双手食指和大拇指指尖靠在一起，其余三指放松，但不弯曲，掌心向上，放在膝盖上。让背部、颈部和头部保持在同一条直线上，背勿靠壁。面向北面或者东面。正确、稳定的坐姿是冥想成功的关键，因为不稳定的姿势会使思想意识变得不稳定。

第三，先做 5 分钟深呼吸。然后让呼吸平稳下来，建立一个有节奏的呼吸结构：吸气 3 秒，然后呼气 3 秒。

第四，如果你的意识开始游移不定，就把它轻轻地拉回来。既不要强行集中注意力，也不要让意识毫无控制地东荡西游，散漫无归。安静下来以后，让意识停留在一个固定的目标上面，可以在眉心或者心脏的位置。

第五，利用自己选择的冥想技巧进入冥想状态。在冥想中，你要清晰地体验模糊不清的情绪，包括积极正面的情绪和消极负面的情绪，仔细回顾负面情绪产生的全过程，在哪个环节上做出了不符合事实的判断，或者是回想快乐的时光、甜蜜的时刻。

第六，约 15 分钟的冥想后，要调整呼吸，通过丹田运气来调节，从而排出体内浊气。这时，整个人昏昏欲睡，身心全放松了，静静地享受这份难得的宁静与清闲。

在进行瑜伽冥想时，还应注意以下几点：

一是清晨和睡觉前是做冥想的最佳时段，其他时段只要你有空闲都可做，但尽量不在冥想前吃东西，或在饭后立即冥想，否则会影响精神状态。

二是选择一个专门的没有干扰的地方来练习，这样可以帮助你找到安宁感，

三是在冥想的过程中，要保持身体温暖，比如天凉时你可以给身体围上毯子。

四是如果你利用一种冥想方式练习几次都感觉不舒服，那么你应该放弃这种方式而选择另外一种更适合自己的方式。

五是练习瑜伽冥想要循序渐进，开始时试着每天做 1 次冥想，以后可以增加到每天 2 次。冥想的时间应由 5 分钟慢慢地增加到 20 分钟或者更长，但不要强迫自己长时间地静坐。

六是练习瑜伽冥想不能心急，不要期望在很短的时间内就达到

预期的效果。

太极拳：以柔克刚的智慧

太极拳的每一个姿势都是气功，借助镇静、速度以及气的统一创造一种虚实结合的状态来迷惑对手，达到以柔克刚、以静制动的目的。太极拳的动作比较缓慢柔和，但由于速度和力量不好掌握，练习的时候最好有大师指导。

首先双腿分开，两脚之间的距离与髋部等宽，膝盖微微弯曲，然后慢慢地把手放在大腿上。如果刚开始你不能把握手臂的幅度和力量，可以找一个平面帮助你，比如墙壁。站在你刚好能把手放在墙壁上的位置，双手从身体两侧开始动作，手臂朝着墙壁移动，指背轻微擦过墙壁为佳。在手指上升的过程中，主要依靠的是手腕的力量，由手腕控制手指的移动。当手腕上升到与肩膀等高时，手臂开始向下移动，手指再次在手腕的引导下划过墙面。当你感到手指将要脱离墙面的时候停止手臂的动作。这时，手指与髋部应该在同一条直线上，从这个位置开始上举手臂，然后再放下。需要指出的是在整个练习过程中，肩膀和手肘两个部位是完全放松的，手臂下落的同时，两腿也要随着微微下沉。

接下来需要使呼吸和动作协调起来，练习用腹部呼吸，手臂抬起的时候吸气，手臂慢慢放下来的时候呼气。最后双手应该放在大腿上，像练习的第一个动作那样，然后重新开始下一轮练习，依次循环。正确地练习腹部呼吸，可以减轻肌肉的紧张帮助我们放松身体，还可以加强肺部的氧气供应。

练习太极拳可以帮助我们集中思想，让大脑和身体得以放松，所以练习的基础就是要求你专心致志，暂时忘掉那些让你感到焦虑的问题，让自己在生活和工作的压力下得到解脱，"偷得浮生半日闲"，哪怕片刻也是好的。

合气道：平和的艺术

合气道是一种根源于日本大东流合气柔术的近代武术，创始人是日本的植芝盛平。根据植芝盛平的说明，合气道的"合气"一词的含义表示与气合一，亦即与天地之气合一；更简单地说，就是与大自然相契合。

想要学习合气道的人必须充分理解合气道的特质。

一是重视"气"。"气"的内涵丰富，既表示客观存在的自然之气，也表示抽象之气，如杀气、灵气、生气、霸气，等等，还表示维持生命活动的抽象力。合气道认为气是维持生命活动的根源性力，极为重视"气"的修炼；

二是讲究气、心、体的统一。植芝盛平认为"合气"的本质是：借助绝妙地活用作为生命原动力的"气"，使五体活性化，从而达到随心所欲地运动，也即身心如一的境界；

三是以礼为重。立足于日本传统文化的合气道，以非常注重其精神性而有别于其他武道。合气道在锻炼身心的同时也磨炼了人性，故而又是修行的"行"。因此，合气道注重礼仪。礼仪贯穿合气道练习的始终；

四是合气道的技法是顺应自然规律的动作构成的，符合人体的运动规律，全面、均衡、和谐。

因此，保持镇静的头脑，控制自己的情绪是对合气道练习者最基本的要求，或许用武力去强迫人们接受或改变某一观点很容易，但也更容易使双方的冲突升级，并且是非常自我的行为。合气道则是锻炼练习者在任何时候都保持清醒的头脑，用以发现人们的真实意图。如果你总是不能控制自己的情绪，时常陷入争执里，那么，你就需要练习合气道。

通过广泛的呼吸练习和训练，合气道可以使练习者的头脑处于思想集中适合冥想的状态，成为"和平勇士"。合气道也是全身的运动，能调整呼吸，治疗腰痛，促进血液循环。

舞蹈：释放积郁，体验宁静

舞蹈是一种极具表现力的运动，我们从中感受喜悦、热情、悲伤等各种情绪，练习者在表现自己的同时培养了自信和气质。而对于冥想的舞蹈或动作，需要练习者有强烈的意识，并且伴随着音乐身体要做出有意识而敏感的反应，最终把意识变得安宁和谐，达到冥想的效果。

你可以选择任何一首乐曲作伴奏，可以是古典乐、爵士乐、民谣，甚至是现代摇滚乐，只要它能使你精力充沛、情绪高涨即可，最重要的还是舞蹈动作，它们需要带有你强烈的意识，是通过你的身体自由发挥出来的。

让手臂跟着你的意识在头顶、身体两侧、身前、身后不断摆动，然后身体也随之做出各种动作，转圈、弯曲、扭动等动作可刺激能量在身体里流动，你试着去感觉能量的流动轨迹，从手臂、双腿、脊椎到达胸腔和肺部，你会觉得自己充满了力量。舞蹈是一种无声的语言，可以传达出你的心声，你的舞动就是对自己的表达与诠释。舞蹈家菲利普曾说"舞蹈是我与人交流的语言"，舞蹈冥想就是自我交流的一种方式。

社会的发展，人们的生活越来越忙碌，内心也越来越紧张，一些规则、教条束缚着人们的身体和精神，使它们变得僵硬滞涩。而冥想舞蹈可以帮助我们改变这种现状，在练习过程中，身体随着自己的意识做出动作，是一种最真实的变化而非刻意的造型；同时，你把注意力都放在身体上，就会暂时忘掉平时的压力和负担，达到一种不自觉的身心释放。通过直观流畅而不受控制的动作，你释放自我并给予自己自由，与自我交流。

书法：陶冶情操，净化心灵

书法是汉字的书写艺术。汉字在漫长的演变发展的历史长河中，一方面起着思想交流、文化传承等重要的社会作用；另一方面它本身又形成了一种独特的艺术，可以供人欣赏。此外，从养生的角度来说，书法还有着不可忽视的养心保健功能。

首先，书法可以延年益寿。

在练书法的过程中，要灵活自如地运动手、腕、肋、臂，调动全身的气力，通过笔端，有机地输送到字的点、横、竖、撇、捺每一笔画中去。这样会使全身血气融通，使大脑神经的兴奋和抑制得到协调，使手臂直至腰部的肌肉得到锻炼，有力地促进血液正常循环，有增强新陈代谢的功能。这对人的心理和生理都有一定的调节和锻炼作用，久而久之，可使人身心焕发，无疾而寿。即便不幸患病，也可通过练习写字，养心愈疾，畅达延年。

其次，书法可以陶冶情操，净化心灵。

著名书法家肖劳先生是位长寿翁，他说自己的长寿之道是与长期写书法作品分不开的。他披露自己的健康长寿之道时说："学习书法就和习武之人习气功一样，书法有着和气功异曲同工之妙。写字时用坐势，这种坐势在气功中有'静坐'之称，也就是坐禅。人每端坐，则身心各得其益。各施其功，任其自然而行。"如果写大字用站立式，则犹如骑马式，亦如气功、太极拳的站桩。这种坐势和站桩，都有助于自然调心、调息。

而当我们欣赏一幅内容优美、笔墨舒展、气势酣畅、布局合理的书法作品时，内心会莫名产生一种振奋和感叹。远古烟霞、秦汉风月、唐宋华章、近代人情，草木花实、山欢水笑，它们不受时间空间的限制，不因名利地位的悬殊，洗涤一切有"感知人"的凡心俗念，使人心中油然而生一片空明，这才是书法的真正魅力。

现代城市人，生活节奏快，工作压力大，动静结合的书法艺术恰恰是他们较为理想的养生之道。书法是形象思维，由右脑主宰。白天工作处理问题多以左脑来进行逻辑思维，在业余时间练习书法，可以舒缓神经，左、右脑交替运用，交替休息，可使逻辑思维和形象思维劳逸结合。

插花：创造花盆与植物的和谐统一

插花起源于佛教中的供花，唐朝时已盛行起来，并在宫廷中流行，到了宋朝时期插花艺术已在民间得到普及，并且受到文人的喜爱，各朝关于插花欣赏的诗词很多。至明朝，我国插花艺术不仅广泛普及，并有插花专著问世，如张谦德著有《瓶花谱》、袁宏道著有《瓶史》等，插花也因此被传播到了世界各地。

日本飞鸟时代，小野妹子作为遣隋使节来到中国，在潜心研究佛学之时兼学佛教供花，并把它们带回了日本，这也是日本插花的起源，日本传统的插花艺术又被称为花道，它不单要表达花的美态，也是形神兼备品味造型的插花。现在，日本有2000多所插花学校，其中流派号称有三千流之多，主要的流派有池坊流、草月流、小源流等。

插花有东西方之分，其中东方插花是以中国和日本为代表的插花，东方插花的花型由三个主枝构成，因流派的不同称"主、客、使""天、地、人"，或是"真、善、美"。虽然称号不同，却都表达了东方人的哲学思想。"天"代表人们的美好愿望和崇高的理想，"地"就是人们的日常生活，而"人"就是平衡这两者之间的力量，我们首先要成为完全的人，然后利用我们的潜力去创造理想的生活。

把这个道理用在插花上，就是创造花盆与植物的和谐统一。插花中的大背景代表天，最下面的铺垫代表地，中间的花材代表人，你要用积极的感情使观赏者在心灵上产生共鸣，激发我们身体里由正面能量引起的对美的感受。在插花形式上，自由式比"有型"式更不容易把握，但只要你相信自己的创造力就可以轻易克服这个困难，而创造力是每个人与生俱来的本能。首先选择一个合适的花盆，合适就是指它的造型要与花、叶、枝条以及插花需要的任何物品相匹配。然后在花盆的基础上想象你将要完成的插花作品，确定大致的摆放位置，并且在接下来的过程中认真考虑每个细节的美感，保持愉悦的心情和放松的头脑，关键是要有耐心。你还可以在插花的同时播放安静舒缓的音乐，或者在旁边放一杯清茶，相信效果会事半功倍。

所谓自由式，就是没有所谓的正规方法，你也不用受到任何约束，只要随性而为即可，不用为了得到别人的认可而忽视自己的直觉。

茶道：极好的冥想练习

茶道被视为一种烹茶饮茶的生活艺术，一种以茶为媒的生活礼仪，一种以茶修身的生活方式。通过沏茶、赏茶、闻茶、饮茶而增进友谊、美心修德、学习礼法。喝茶能静心、静神，有助于陶冶情操、去除杂念，这与提倡"清静、恬淡"的东方哲学思想很合拍，也符合佛道儒的"内省修行"思想。茶道精神是茶文化的核心，是茶文化的灵魂。

茶道最早起源于中国。中国人至少在唐或唐以前，就在世界上首先将茶饮作为一种修身养性之道，在唐宋年间，人们对饮茶的环境、礼节、操作方式等饮茶仪程都已很讲究，有了一些约定俗成的规矩和仪式，茶宴已有宫廷茶宴、寺院茶宴、文人茶宴之分。

从唐代开始，中国的饮茶习俗就传入日本，到了宋代，日本开始种植茶树，制作茶叶。到明代，真正形成独具特色的日本茶道。其中集大成者是千利休，他提出的"和、敬、清、寂"被称为日本"茶道四规"。"和""敬"是处理人际关系的准则，通过饮茶做到和睦相处，以调节人际关系；"清""寂"是指环境气氛，要以幽雅清静的环境和古朴的陈设，造成一种空灵静寂的意境，给人以熏陶。但日本茶道的宗教（特别是禅宗）色彩很浓，并形成严密的组织形式。而中华茶道相对来说就比较放松、自由、和谐，就其构成要素来说，有环境、礼法、茶艺、修行四大要素。

首先找一个舒适、整洁的地方，室内或室外都可以。增加一些美丽的点缀，如简单地布置一些插花、雕像或者是图片。若有流动或沸腾的水声效果会更好。缓慢而仔细地泡一杯茶，注意对细节的观察，但要保持完全地放松。如果可以的话，使用简单而美观的陶瓷茶具和品质优良的茶叶，不要用塑料水杯（因为它在热水里会释放化学成分）。茶泡好了，你就准备好享受它完全的滋味、美丽的颜色、茶的芳香和口味，以及周围环境。在你自己创造的轻盈和秀丽中呼吸，把每一个制作茶和饮用茶的仪式的片刻都转化为冥想的过程。其中蕴含的道理是：当你使周围的世界平安美丽时，你的心和头脑就有了相同的心境。

5. 让冥想成为生活的一部分

冥想就像流经生活的河流。刚开始的时候，仿若山泉，修炼时间不长，不太稳定，仍在摸索中，后来逐渐才平稳下来，形成有规则的律动。渐渐地，我们修炼的次数与时间越来越多了，就会越来越成熟，最后就像大河一样，广纳一切，变得有力量。河流有时可能还会遇到阻碍，但因为河流已经衍生出平顺且无法停顿的动力，所以阻碍对它来说不再会产生什么影响，它会绕过阻碍或直接流过。

但是，我们如何把冥想修炼成一股挡不住的平稳心流？

答案其实很简单，只需把冥想纳入我们的日常作息，经常修炼即可。正如要达成某项技能，需要长久练习一样，冥想也是如此。没有毫无阻碍直接通往喜乐心境的快捷方式。要想获得喜乐心境，只有靠长时间的修炼才能达到。

沉着的态度必不可少

决定冥想成功或失败的最重要的因素是什么呢？沉着就是其中一个。

当你发现自己坐在冥想垫上，连两三分钟都坚持不了时，你会是什么心情呢？第二天，当你发现这样的情况又重演时，你会是什么样子呢？之后还是如此呢？大多数人估计都会沉不下气了吧！

其实大可不必如此。之所以会出现不沉着的情况，是因为我们太过注重结果。一旦出现不顺利时，就会马上推论冥想太难了不适合自己，或提出其他类似的不理性想法。其实每个初学者都是如此，你的情况或许并没有那么糟糕。

那些能够坚持修炼下去的人，和半途而废的人最大差别在于态度。只有我们能够接受一再的挫折、忍受短期内所有恼人的现象，成功就离我们不远了。

一次冥想不好或者一周甚至一月冥想不好，并没大碍。即使你分心了，研究也证实冥想也还是可以产生效果的，你并没有在浪费时间。冥想就好比股市，有涨也会有落，但就长期而言，冥想的专注力会像股市一样上涨。更为重要的是，几个月或几年后，你会发现，一次冥想不顺不算什么，它并不代表下次冥想你还会不顺，沉着也是靠经验自然而然地练出来的。

随时随地，立即行动

虽然特意腾出时间修炼专注力、正念与觉察是必需的，但这并不表示我们在冥想时间以外就不能进行简短的或立即的冥想了。

立即冥想和正式冥想不同，它不需要脱鞋，也不需要在电车里、办公桌旁、会议室里摆出 7 种坐法的冥想姿势，而是趁着每天的工作空当回想，并重新体验一些内心平静或正式冥想时段的其他特质。

生活中，我们有不少需要等待的时候。比如，等公交车，等红绿灯，等着使用复印机，等等。这时，我们就可以利用这些时间来进行冥想。如果那时我们过得不怎么顺利，恰好可以利用这些等待的时间来转换心情。你只需迅速检视你的姿势，放松地坐在椅子上，挺起肩膀，深呼吸，缓缓吐气，同时回想你的动机。

这些步骤看似简单，但其实是十分有必要的。因为这是我们在有意地打断内心杂念的一般形态。如果能在吐气后接着做一下冥想更好。这种场合，呼吸冥想最为适合。一边专注呼吸，一边等公交车或继续做日常的活动。专注地数完一两回的呼吸后，随之而来的放松效果会让你大为惊讶。但你结束简单冥想时，你虽然不会觉得整个世界因此而变了，但一定会比前一两分钟好了不少。

此外，利用上洗手间的空当进行立即冥想也是十分合适的。你不仅是一个人，而且一天中有好几次这样的机会。试着把一天里的心思回归轻松的状态，休息一下，不管时间多么短，等你再回去面对挑战或困境时总觉得比较容易了。

把日常的琐事拿来练习冥想，把平凡单调的活动变成对个人有意义的事，我们将会越来越能影响自己的心理命运。时刻提醒自己冥想的目的，让自己从涓涓山泉逐渐变成滔滔江河。

离开垫子也能冥想

虽然坐在垫上修炼正念是直接对付内心浮念的方法，但是刻意培养其他活动的正念来搭配前述经验也是十分有用的。就像立即冥想可以把修炼的效果延续更长时间一样，如果我们想拉回脱缰的野马，掌控思考方式，试着离垫冥想会是一个不错的方法。

练习立即冥想时，最好能找出一天中可以练习的时刻。这个道理对于练习正念也一样。尝试着把最不喜欢的琐事拿来练正念，会让事情变得更加有趣。

如果你不喜欢洗碗，你可以试着对自己说："下次我要把整理厨房，并把碗盘放进洗碗机当成正念实验。"这是一个很有趣的转换技巧。与其怨恨休闲的时间被浪费了，还不如把它变成优质的冥想经验。这样做可以帮我们改变对洗碗的态度，从必须做的事中找到更多的意义。

下次当你不得不洗碗时，与其在脑中盘算着自己今天花了多少钱，或者想着周末应该如何解放一下自己，不如把所有的注意力放在手中盘子的光滑与质感上。注意叉子的线条、握柄的设计、洗洁精的香味。或许你会因此发现过去 5 年来从未仔细端详的整套陶器的美感，会对洗碗或清扫厨房产生前所未有的感受，甚至感觉到不少的乐趣。

虽然内心的脱缰野马仍在，但它会随着正念冥想的进行，被我们渐渐抛在后方。我们不仅可以在正念修炼中发现其他改善生活的经验，如体验内心平静或和其他人有更多的联系等，还会用正面的态度取代负面的态度。你甚至还会发现，你竟然开始希望每一刻都可以变成冥想。

坚持，总有一天你会有大惊喜

开始冥想的时候，几乎没有很顺心的情况。大多数情况下都会困难重重。虽然发现自己在冥想中总是有浮念，很容易让人觉得自己是在白费工夫，认为自己不管做什么，问题都大到难以招架，不如干脆放弃算了。

其实碰到这种情况，你首先要做的就是放轻松。你并不是唯一一个碰到这种情况的人。如果你没有碰到这种情况，反而觉得自己离完美专注力不远，那才令人担心。

另外还有一点不容忽视。虽然在冥想时，我们并不觉得自己有多大的进步，但即使是些微的改变也会对我们的人生产生显著的影响。这就好比每天喝10杯奶茶的女人改喝10杯无卡路里的饮料，她可能并不觉得自己做出了多大的改变，但其实她每天少吸收了100茶匙的糖分。相反的，每天通常只喝两罐无卡路里饮料的女人则必须对膳食习惯做出更大的改变才能达到那样的成效。

开始经常性冥想就像改喝无卡路里饮料一样，我们可能并不觉得自己做了很多，但对内心空间的影响却是显著的。而且持续做得越久，效果越是好。

我们可以在正式的坐禅外，搭配随时的立即冥想或经常修炼正念，这和女性因一开始的减肥效果受到鼓舞，进而减少每日吃垃圾零食的数量一样。我们将展开一段全新的旅程，不再回归之前未受启发的状态。

在这段旅程的初期，当你的心里开始出现浮念，觉得自己虽然坚持修炼，却一点效果都没有，完全就是在浪费时间，还不如在床上多躺15分钟时，你可以迅速浏览冥想的好处，把注意力放在对你最具吸引力的冥想的好处上，然后在心里反问自己，把这些时间用在其他事情上，真的会比冥想更重要、更有效果吗？1年后，你希望自己是在持续练习冥想，还是多花几分钟躺在床上呢？5年后、10年后，你又希望是怎样的呢？如果你能明白这趟旅程将把你带到你想去的心境，你也就会有继续坚持下去的动力。

像玩游戏一样玩冥想

佛经中记载了这样一个故事：

释迦牟尼在一个叫逝多林的地方，看见地上不是很干净，于是立即拿起扫帚，准备清扫。这时，佛祖的弟子舍利子大目犍连和大迦叶阿难陀等都闻讯赶了过来，看到佛祖亲自扫地，于是大家都纷纷效仿佛祖，一起扫地。扫完后，佛祖和众弟子一起来到斋堂，坐了下来。这时，佛祖说道："其实，扫地至少有五种好处，一是可以让自己的心更加清净，二是可以让他人的心更加清净，三是可以方便大家，四是可以让劳动成为一种习惯，五是热爱劳动是一种良好的品德。"

释迦牟尼将扫地当作一种修行游戏。其实，我们也可以效仿释迦牟尼的做法，将冥想融入到生活的每时每刻。比如，你喝水的时候可以冥想，吃饭的时候也可以冥想。

这个"游戏"稍带一些自娱自乐的色彩，如果能做到用1个小时左右的时间吃饭，并仔细地感受每一个动作，那就达到了相当高度的冥想了。如果认真地做，短短60分钟就可以产生努力一年也产生不了的专注力。

如果是步行冥想，也可以在公园等地方进行。冥想期间，不要东张西望，不要被其他的事物吸引了注意力。如果走得快，也可以只是"右脚、左脚、右脚、左脚……"这样时刻感受。

喝水、吃饭、扫地、走路这种日常行为中到底有一些什么样的心理活动，试着重新发现一下吧！如果能在日常生活的点点滴滴中加入一点"冥想"这个游戏元素，你一定会为自己的众多新发现感到惊奇。

在这里强调一点：在做冥想游戏时，一定要带着愉快的心情进行。所以，选择一些能让人心情愉快的积极词汇也是一个好办法。比方说"好了，打扫开始"，或者"吸尘器，出发前进"，像这样带着玩耍的感觉，像孩子似的享受整个过程。愉快、有趣，这两点非常重要。如果做的时候心理有抵触情绪，那再怎么练习都很难有效果。

第三章

冥想：完美的自我修养

1. 探索你的身体意识

身体是我们暂时的栖身之地，是美妙的家园，我们需要尽一切力量照顾好我们的这片家园。对外我们要拒绝不合理的方式侵扰身体，保持健康的平衡；对内要探索身体意识里的信息，及时排除心灵上的毒素。冥想有助于我们探索自己的身体意识。以下的冥想练习可以帮助你了解身体的意识。

找一处安静、无人打扰的地方，可以根据自己的喜好，放一些轻音乐，并准备好笔和纸。选择一个舒适的坐姿，闭上眼睛，把注意力逐渐积聚到身体之上，将每个部位都尽量放松，驱散紧张感。然后深呼吸几次。接下来的几分钟注意自己的呼吸和气流进出身体的感觉。

当准备完毕后，把注意力放在你希望进一步了解的身体部位上。

问自己以下的问题，尽量用直觉来回答。写下你的答案，即便看起来琐碎无用。

（1）身体这部分的功能是什么？它可以做什么？它是如何与身体其他部位相联系的？它可以让你有能力做些什么？

（2）身体的哪半边活动比较困难？这半边与哪些方面相关？

（3）为何感到困难？你能说出它的本质吗？尽量用自己的语言来讲。身体的这部分有什么感觉？刺痛、燥热、僵硬、抽痛？描述你身体内部的感受。说不出来？问问你身上的疼痛和伤病，看它们是怎么想的。

（4）描述这部分的颜色、温度和形状。如果换个地方，它会变吗？是不是让你想起了一些事情？

（5）你的身体情况对你的生活有什么影响？写下你不想继续做的事和你想做的事。你觉得改变是一种损失吗？还是欣然接受改变？

（6）现在回顾一下过去几周、几月、几年内发生的事，发生了哪些意义深重的大事，你觉得自己已经完善处理了这些事情吗？在表象下是不是还有更微妙和无法把握的情感？过去的痛楚是否曾经浮上心头？当经历离婚、亲人死亡或者其他悲痛的周年纪念日时有什么特殊感受？与孩子之间存在沟通问题吗？与父母之间呢？是否存在工作危机？试图在压抑即将爆发的情绪，还是倍感失落，情绪低下，感到被排斥被虐待？

（7）你以前患过这类型的病症吗？当时是否也正被相似的情绪影响？试着为自己的生活写下大纲，记录下所有疾病和身体问题，以及当时一段时间内你遇到的情感问题。

（8）疾病对你意味着什么，你是否因此感到受挫折？对你而言，疾病是不是相当于不用工作、不用面对责任？它是否能帮助你从恐惧和不安中解脱？它对你的人际关系有什么影响？你是否因此从某件事情中脱身，或者你暗地里觉得这是发生在你身上的最好的事？

（9）生病时，你是否也得到了一些方便，让你感觉有些特别？你是否因为得到呵护而感受到温暖的爱意？病情是否让他人因为之前对你不公而愧疚？你是否觉得生病是自己做错事情招致的惩罚，还是觉得你需要这场病？

（10）你认为自己能够完全康复吗？如果你在轮椅中，你能想象出自己独立行走的样子吗？如果你很沮丧，你能想象出自己高兴和大笑的样子吗？如果有人主动为你提供治疗，你会怎么想？诚实回答，你会接受他的治疗吗？如果身体完全康复，你会在余生中做些什么，会受到这次生病的影响吗？

记录下感觉、想法、思想、思考和经历，可以有效地帮助你和自己建立联系，有利于身体的自我治疗。仔细记录你的每句话，细心体会其中的意思。咀嚼那些文字，它们是否有更深层的意思？它们是否影射了你生活的其他方面？这些文字与其他人或事有联系吗？

从写下的所有字句中，你能看得出身体试图表达的信息，了解真实的内在自我，这样才能改变不理想的心理状态，拥有由外而内的身心统一的健康体魄，积攒健康的能量。

倾听身体的语言

马萨·贝克在《奥普拉》杂志中写道：倾听身体的"语言"，让"我"生活中的每个方面都得到改善。当我们的身体和意识开始更加清晰更加全面地了解对方，你可能会发现疾病带来的种种症状一个一个地消失了。

我们的身体中隐藏了许多不同的故事，就像我们拥有独特的嗓音，每个身体也有其特有的表达方式。举个例子，背部、膝盖、踝关节、承重关节出现的问题都有可能意味着你没有受到足够的支持或者被过重的责任压垮。

发现自己身体意识表达的方式，需要关注平时可能并不在意的细节，需要仔细聆听身体和你的交流。你的身体知道下一步该做什么，你要做的只是听懂它的语言，理解它的意图。

聆听的方法有很多种，比如留心、对话、记录和静思。

留心

留心的意思是让自己警觉起来，把每一件事情都看在眼里、记在心上。一开始或许只能够体会到一些细枝末节的事情，但是只要足够留心，你就能够更深刻地理解自己。

建立起对自己的知觉之后，你会发现自己面对着无数以往的行为模式，你的思想被许多本应当被忘却的记忆影响着。把这种知觉带入思想、情感、身体、行为的互动之中，就可以打开那些曾经被压抑、否认、忽视的情绪，让那些紧锁的能量从黑暗中爆发出来。有时候，这正是你一直在渴求的。让隐藏的感受重现光明，意味着你对它的理解、接受，将它们容纳进自我的存在之中。

建立起对自己的知觉，是接受自己的第一步。你无法接受你不知道的事情，无法留心那些你不曾看到的、聆听到的事情。最深处的情感是最压抑的情感。了解并且接受你内在的痛楚会给你带来温暖、柔和以及放松。有时候这一过程非常艰难。你会想到退缩、逃避，重新掩盖伤痕。然而，你要明白，只有勇敢面对，你才能够真正成长。

听自己说话

注意自己说出的每一个词是聆听自己的方法之一。比如，如果你患上了背痛，你会怎么说？"我受不了了""简直要了我的命""我完全撑不住"或者"我怎么会摊上这样糟糕的后背"。注意听你和他人交流时的语言，聆听你自己的想法。观察你的念头和话语如何限制了自己的身体，甚至导致了生理上的问题。然后，问自己为什么会这样想，或者为什么会有这样的感觉。

仔细调查你对身体的态度，不仅可以帮助你建立起积极的态度，而且可以挖掘出内在的沮丧、否认以及导致这一状况的行为模式。通过留心自己的行为，聆听自己的感觉，你会慢慢接触到自己生活态度和感受的根源。在那里，你能够清楚地看到哪些地方需要改变。

每一种症状都是身体和你交流的语言，它就像一句话或者一则信息。症状就像通向你身体内部的一扇门。如果你能理解症状展现给你的所有信息，你就能通过这扇门到下一扇门，越走越深，直到最根源的问题。

聆听自己的症状时，你可能并不能够一次就得到清晰的信息。你可能只得到一丝似有似无的感觉，一幅模糊得不能再模糊的画面，你很难去完全理解它，它就像一幅梦中的画一般，难以捉摸。坚持下去，它也许会变，也许会变得更清晰。

对话
你也可以和身体进行对话，进行双向交流。首先，静静地坐下或者躺下，让身体深度放松。把注意力集中在带来冲突和痛楚的地方，在它的内部和四周仔细探究。如果你能做到，可以将自己的思想带入身体的那个区域。然后问自己一些问题，比如"病症或者困难想要告诉我什么事"或者"我身体的这个部位需要什么"。可能要过一段时间才能得到回答，在此之间保持平静、注意力集中。尽量不要"想出"一个答案。不要评判或者抵触任何事情，即便你不能理解。

当你接收到一幅画面，或者你"感觉"到一个回答时，就继续下一个问题。你可以旁敲侧击，反复考察遇到问题的部位，用下一个问题来跟踪每一个感觉或者画面。

静思

静思是打开通往以上所有交流方式之门的钥匙，它为这些交流提供了一处安静的角落。静思之中，你与自己相会，以一种崭新的方式互相对视。它提升了自我知觉和自我尊重的程度，释放恐惧和自怨自艾的情绪，赋予你强大的能力来处理愧疚、伤痛等被压抑的问题。静思为你提供了一个空间，观察思想的工作方式，观察思绪的上下浮沉。然而，你不会因为心怀悔恨在往事中迷失，你会用更加客观的眼光来看待事情。你不再需要评判自己的故事和生活中的细节，你是自由的，你的思想也是自由的。

2. 来自内在的疗愈冥想

根本的疗愈总是来自内在

身体是心灵的外在体现，我们身体的大部分疾病都是由心灵产生的，更有趣的现象是心灵所受到的创伤，因事件的不同、情绪感受的不同，会在身体的不同器官或部位显示出来。

身心灵导师露易丝·海指出，光治疗身体是不够的，还要从心灵着手，所以她一直在倡导身、心、灵整体疗法。通过一系列的研究，她在《治愈你的身体》一书中，列出了不同的疾病所对应的心理状况。头脑代表了我们，是我们给世界出示的东西，这就是我们平时所认识的自己。当我们头脑里的某些思想出了问题，我们就会感觉到自己出了问题。

上肢代表我们接受生活体验的能力和程度。我们在关节里储存了旧的情感，肘部代表我们改变方向的灵活程度。你是否能很灵活地改变生活方向？过去的情感是否把你禁锢在某一点上？

手可以抓、握、攥紧拳头。我们让东西从指缝间溜走；我们唾手可得；我们紧抓不放……

每个手指都有其含义。手指的问题表明你哪里需要放松，需要丢弃。如果你割破了食指，可能是因为愤怒、害怕或者与目前情境中的自负有关。拇指是中心，代表烦恼。食指是自负和害怕。中指与性和愤怒有关。当你生气时，握住中指，可以让愤怒消散。如果你对一个男人生气，用左手握住右手中指。如果你对一个女人生气，用右手握住左手中指。无名指是悲伤和协同。小指与家庭和伪装有关。

后背代表我们的支持系统。后背出现问题通常意味着我们感到不被支持。我们经常会想我们只是被我们的家庭、我们的配偶所支持。然而，实际上我们完全被宇宙支持着，被生活本身支持着。

后背上部不适与缺乏感情支持有关。我的丈夫／妻子／情人／朋友／老板不理解我或者不支持我。你的经济状况是否一塌糊涂，或者让你非常担心？如果是这样的话，你的后背下部可能会有些麻烦。感到缺钱或者害怕没钱会导致后背下部不适。这与你真正拥有的钱的总数无关。

呼吸是我们生命中最珍贵的东西，尽管我们都理所当然地认为在我们呼气之后下一口气就来了。如果我们不再吸气，我们连3分钟都坚持不了。肺代表我们生活中的输入和输出的能力。肺出现问题通常意味着我们害怕从生活中汲取，或者可能我们感到我们没有权利充分享受生活。

乳房代表母性准则。当乳房出现问题时，通常意味着我们过于母性。母亲的责任之一就是允许孩子成长。我们需要知道何时放手，何时松开保护的臂膀让他们自己行走。过度保护会使别人无法处理他们自己的事情。有时我们专横的态度会使事情变得更糟。

心脏代表爱，血液代表快乐。我们的心脏很乐意把快乐送往身体的各个角落。当我们拒绝我们自己的爱与快乐时，心脏便枯萎了、变冷了，结果贫血、心绞痛和心脏病走向了我们。并不是心脏病在攻击我们，而是我们经常忘记去注意生活中的小欢乐，我们花了很多年，把所有快乐都从心脏里撵走，使它逐渐陷入疼痛之中。心脏病只攻击那些从来不快乐的人们。如果他们不拿出时间来感谢生活中的快乐，那么他们将很快为自己制造出另一次心脏病发作。

溃疡不外乎因为恐惧——对于不够好的极大恐惧。我们害怕成为不够好的父母，我们害怕成为不够好的老板，我们不能消化我们是谁。为了试图取悦别人，我们不惜撕裂自己的消化道。不管我们的工作有多么重要，我们内心的自我估价很低。我们害怕别人会发现这一点。

生殖系统代表女性的阴柔或男性的阳刚，以及人们各自的男性／女性准则。当我们对于自己的男性或女性角色感到不适的时候，当我们对自己的性别特征感到肮脏或罪恶的时候，我们的生殖系统就会出现问题。疾病是心灵的伴侣，正是因为疾病的外在表现，疾病无情地揭露隐藏在深处许久的心灵。阴影的各部分被身体化为症状。因此，当身体出现病症的时候，我们首先要检查一下自己的心灵是否背负了一些重负，治病治心，治心才能治本。

因此，请你把疾病当成幸福对你的心灵负担的提醒，治愈你的身体，从呵护你的心灵开始。

冥想增强你的心理免疫力

英国皇家医学院的研究人员在对 4750 例癌症手术后的患者进行的追踪调查中发现，那些注意精神调节，相信自己能战胜疾病者，10 年以上的存活率达 31%。而那些精神沮丧甚至绝望者，大多在术后不久即死亡。这种在心理上相信自己能战胜疾病的信念，学者称之为"心理免疫"。

心理免疫之所以能助人战胜疾病,主要是精神因素与免疫功能密切相关。研究表明,神经系统可通过去甲肾上腺素、5-羟色胺等神经介质对免疫器官产生支配作用。积极的心态会使这种支配作用增强,从而使抗体的产生增多。同时,好心态还可通过神经内分泌系统促使肾上腺皮质激素分泌增加,有利于调动机体的抗病能力。而病中颓废的人,可反馈性地使血中的免疫淋巴细胞减少,导致机体免疫功能下降。

无数事实证明,在病魔面前心理崩溃的人,很快便会束手就擒,成为疾病的俘虏。为了培养自己积极的心理机制,不妨每日进行积极的冥想。这种依靠冥想来治疗疾病的方法也就是医疗上常用的可视化治疗。可视化是一种非常有效同自己的身体进行交流的方法,它有助于发现身体的变化,了解身体所需要的治疗方法。在练习中,你把自己想象成一个小小人,小到可以在身体里面自由行走。接下来,你穿过那些希望更深刻了解的部位,在体内与你的身体进行交流。

在一项研究中,一组健康的 5 岁儿童听工作人员讲述了一个关于魔力显微镜的故事,通过这个显微镜,他们可以看到免疫系统如何在体内与细菌搏斗;他们还看了一部布袋式木偶剧,木偶扮演了免疫系统中的不同细胞。接下来,孩子们进行了一段时间的放松,研究人员试图让他们将免疫系统和细菌战斗的情景具体化。在这次分析前后,孩子们的唾液被收集并进行化验。实验证明,唾液中渗透的免疫物质达到了足够抵抗感染的程度。

清洗淋巴的冥想

这个冥想练习需要你准备一些精油和其他液体。在使用精油的过程中，一定要格外小心。虽然这些精油属于无毒的草本植物，但切忌食用。另外，为了避免过敏反应，在使用前，要先在自己的皮肤上做过敏测验（把不同的精油融入水中，在胳膊上涂一点，如果在 24 小时之内出现了红斑，说明你对此种精油过敏），一旦你对某种精油过敏，就不要使用了。

准备以下道具：

1 ～ 2 把矿物盐和 1 ～ 2 杯苹果醋（用于排出淋巴结中的毒素）、1/4 杯牛奶或奶油、3 滴黄春菊油、3 滴薰衣草油、3 滴迷迭香油。

在浴池中放好温度适中的热水，将以上物品倒入浴池中。身体浸入水中，颈部和头部尽量后仰，在热水浸透皮肤时，开始进行深呼吸。

观察你的淋巴结，主要的淋巴结在耳朵后面，沿颈部、腋窝下面成串排列，还有腹腔和腹股沟。这些淋巴结形成一个庞大的网络，像电路系统一样，将体内毒素排出。

在浴池的水面上以固定的节奏前后摆动你的手，这种节奏就好像是海浪缓缓搏击沙滩的节奏。水波穿过你的全身，穿过淋巴管，想象你的淋巴结在水的冲击中被净化。你体内的毒素随着水波被排除。

把注意力集中到呼吸上，慢慢地调整状态。接着，用流动的清水冲洗全身，把所有毒素残留物都冲掉。

清理鼻窦通道治疗鼻塞

缓解持续的鼻窦堵塞，也有相应的练习。鼻乃清窍，为清阳之居所，清气之通道。

需时即用，时间是 5 ～ 7 分钟，必要时可以重复。这项练习需要有持续注意的能力。首先，选择你喜欢的坐姿，轻轻闭上眼睛，进入腹部呼吸状态。

做一组呼吸，用食指和拇指捂住鼻孔，闭上嘴轻轻吹气，感觉就像吹气球一样。这就遣送气体进入耳朵中部，并将耳咽管迅速打开。你会感到一些压力，具体感觉视阻塞程度而异。将注意力再次集中在呼吸上，中耳腔的鼓室内的耳咽管是一个软性管道，它是中耳与外界大气相交通的唯一通道。想象你能通过耳咽管从内部呼吸，就好像从中向外拉一根稻草一样。设想有一种明亮的蓝光，这束光沿着这条通道，从鼻腔后部向内部贯通。

耳腔照射的同时，想象这腔内的障碍消融。

最后，调匀呼吸状态，睁开双眼。

抽出热量式冥想帮助退烧

发烧的时候，我们总是能感觉到一股热量充斥着我们的全身。我们不妨利用冥想，来减弱这股难耐的热量。

这个冥想练习是让冥想者通过双脚把体内的热量抽出。需要冥想者准备以下工具：

一双厚羊毛袜子、凉水、毛巾、毯子。

注意：要先将袜子泡在凉水里浸湿、浸凉。

坐在椅子上。把湿袜子拿出来穿在脚上，把毛巾垫在地面上，然后把脚放在上面。用毯子裹住全身。

闭上眼睛，把注意力集中在呼吸上。每一次呼气的时候，都想象脚掌有一道光流出。这道光在地上扎根。随着你的呼吸，这道光在地下越扎越深。你能够感觉到自己已经被牢牢地钉在地上。随着这道光，你体内的热量也被排出。

把你身体上的热量想象成是一种从头到脚充满全身的红色热流，这股红色热流通过你的脚底排出体内。冷袜子有助于你将热量通过光扎下的根不断送入地下。

当你感受到你体内的热量已经不再那么强了，睁开眼睛，结束冥想，换上干袜子。

蓝色能量降温退烧

通过冥想可以缓解关节疼痛和僵硬，这组冥想也是需时即用，每次只需要 5 ～ 10 分钟的时间。

首先要保持注意力集中。

选择满意的坐姿或仰靠姿势。闭上眼睛，用舌头抵住上颚，心里开始注意呼吸，按自然节律呼吸。想象头顶上方 25 ～ 30 厘米处有一个蓝色能量冰球。这个蓝色冰球带有一种气，能起治疗作用的宇宙间的气。当你全神贯注地感受这个蓝色球的时候，它的治疗功效会变得更加集中。

吸气，经头顶将这个蓝色能量吸进去，就像用塑料管吮吸饮料一样，感受能量的慢慢涌动。这份能量进入体内，如同平静的凉水一样流动。接着，将注意力转向身体不舒服的某一关节，将蓝色治病能量导引至该关节，感受这股能量深深地穿透该关节。如果可以的话，对着该关节区呼吸几次，蓝球的冰冷力量会使发炎后的灼痛冷却。

接下来将这股气引入关节的缝隙处。疼痛会开始减弱、消融，肿块消散……然后就可以将注意力转向另一处疼痛的关节，重复相同的步骤。如此反复，直到做完每个关节。

调整呼吸，稳定心神后将蓝色冰球这一意念放走，开始正常呼吸，睁开眼睛，稍作调整。

利用冥想激活免疫反应

选择舒适的冥想姿势，闭上双眼，把注意力集中到呼吸上，随着你的一呼一吸，渐渐地感觉身体得到了放松。

接着，进行深呼吸，每次呼吸之间停顿一下，感觉你吸入的氧气冲击着你每个细胞，你呼出的气中带着你体内的毒素。

将你的注意力转移到胳膊和腿部的骨骼上，想象着你的呼吸经过空心的骨骼进入软组织。免疫系统的细胞在骨髓里形成。这些"辅助细胞"监视着全身，搜寻着自由基毒素和污染物。想象着这些白色的免疫"辅助细胞"在与细菌搏斗，在心中默想"我的免疫细胞充满活力，他能够消除我体内的病毒"。

重新将注意力集中于呼吸上，睁开眼睛，缓缓地舒展一下身体，结束冥想。

胃阳式激活消化系统

人们熟悉的"胃阳"在腹腔神经丛中的第三个脉环。这个脉轮中心主要控制消化，对应的冥想色彩是黄色。

首先，选择你满意的坐姿，坐正。闭上眼睛，舌头抵住上颚。将你的全部注意力放在呼吸上。开始吸收阴气，就像地面涌出的喷泉一样。感到这股阴气流向你的脚底，通过你的脚掌上升到小腿、大腿。继续往上，进入你的腹股沟和小腹时，去追寻和体会这种能量在腹部均匀的流动。阴气向上流动，并在第三个脉轮处——腹腔神经丛停下，阴气在这个如同储存室的脉轮处聚集填充。

分散一部分注意力，去关注你的头顶，想象着头顶处有一束灿烂的金色阳光。用你的呼吸聚集这股阳气，将这股阳气吸入并引导到腹腔神经丛。

在你的腹腔神经丛里，阴与阳，两种天地能量互补、融合，进而达到平衡。全神贯注于阳光般灿烂的黄色，吸进金灿灿的黄色，将这种黄金般的色彩引向你的整个胃部。推动着这股暖流向外扩散，给胃膜披上一件舒适的外套，胃部的紧张与不适将一扫而光。感受这股力量的浑厚，然后睁开眼睛。

调整你的呼吸，慢慢平静心神。冥想结束后，活动活动你的身体。

按压脚掌反射点治疗哮喘

这组冥想的目的是减轻肺堵塞并打开支气管通道。

时间大约要 10 分钟，觉得自己需要时，可以试试这种冥想。这种冥想易于掌握，是"支气管开放治疗支气管病症"的辅助疗法。

选择合适的位置赤脚坐下。将一只脚盘在大腿上，以便让脚掌向上。用手握住脚，并用拇指按压肺反射点，肺反射点遍布脚的上部。两拇指并排放上，使劲按压这个反射点。

你会感觉到在这个部位有种酸痛的感觉，使劲吸气数到 4，慢慢呼气数到 8，同时不停地按压，重复做 8 次。然后两拇指轮流按压，一个拇指按完另一个再按。按摩时上下用力，逐渐使劲往深压，继续集中注意力于呼吸次数。换到另一只脚上。每只脚反复做 5 次以上。准备好以后，将双脚放回地上。

做几次清洁呼吸，将注意力重新放到外在事物上，结束练习。

舞步想象缓解血压紊乱

这种冥想需要有保持注意力的能力。每日做 5 ～ 10 分钟这种冥想，可以缓解高血压或低血压。

选择满意的冥想姿势，闭上眼睛，将手放在冥想姿势位置。尽快调整到舒适位置，做几次清洁深呼吸，保持自然呼吸节奏。呼吸一张一弛，小腹按轻柔的舞蹈节律，一起一伏，一上一下、一张一弛。

在冥想中，你的生活就像舞蹈一样，从一个动作走向另一个动作，从一步走向另一步。是舒展流畅的狐步舞呢，还是抑扬顿挫的华尔兹？当你感受压力的时候，舞步很可能会变快。这个时候就要注意你生活舞步的节奏，掌握你的生活舞步，让它慢下来。让你的生活舞步减速，让你自己站在思维的高度里，能够审视它们，在冥想中体验华尔兹的优美和缓的节奏：1、2、3……1、2、3……1、2、3……去感受每一步节奏的跃动，你的舞伴就是生活。

同时可以渐进式放松肌肉，深层次地放松。当反射出你生活节奏的时候，在一个动作和另一个动作之间停顿一下……利用动作间的停顿，你就可以欣赏其过程的美妙并从连续动作的疲惫中解脱出来。

丰富多彩存在于前进道路的每一步之中，在舞蹈中，每一步都很重要。而且，每一次停顿也同等重要。没有心理、心脏和身体的协调运动就谈不上有舞蹈。

审视你自己是否与驱动你生活的音乐同步，让舞蹈慢一些，设想自己能把握时间的停顿，把握每日活动的节奏。感受自己的呼吸，顺着自己的节奏去聆听你的心率。身体追随着这个节律，让心理与身体为伍。

调整回到正常呼吸状态，可以试着从"10"向"1"慢慢倒数，回到清醒状态。

3. 如何用冥想放松紧绷的身体

冥想练习：身体扫描冥想

很多时候，我们因为忙碌，因为各种事情的困扰，每天从早到晚地工作，没有自己的时间。我们没有给自己心灵思考的时间，没有给自己心灵对话的时间，忘记全然地放松自己的身体和心灵。其实，做到放松不需要很多智慧，它是每个人与生俱来的一种艺术，所有的冥想方法都只不过是帮助我们回忆起那个放松方法的艺术。虽然你知道它，却被社会所压抑了，因为太久不用它，许多人都渐渐遗忘了。其实这种艺术早已存在于我们的体内，我们要做的只是让它从蛰伏状态中恢复过来，让它再度被唤醒。

放松的艺术必须由身体开始，借由身体扫描冥想，我们可以让身体彻底放松。

安静地躺在床上——这并不需要什么特别的东西，只需要睡前的一点时间就足够了。躺在床上，闭上眼睛开始观照你的能量，从脚开始移动，只要向内观照：仔细地感受身体的每一个部位，是否有什么地方不太舒服，有紧绷或者扭曲的感觉？在脚的部分、在小腿的部分，或是在肚子的部分、肩膀的部分，有没有紧张感？

如果你在身体的某个部位发现紧张，那么你就试着把能量集中在那里，试着放松它，除非你觉得那个部分已经从紧张中解脱了，否则不要从那个点移开。集中能量的时候你可以通过你的手，因为你的手和头脑相连，你的手就是你的头脑。

如果你的右手是紧张的，那么你的左脑也会紧张；如果你的左手是紧张的，那么你的右脑也会紧张。所以首先要经由你头脑的分支——你的双手——最后到达你的头脑。

对你而言，完全唤醒这种放松的艺术也许需要花上几天的时间，也许会花上几个月的时间，这因人而异。它是一种诀窍，能够重新恢复你孩提时代的经验，在那个时候，你会是非常放松的。一旦你完全地掌握了这门艺术，那么在任何时间，即使是白天，你也能够调节你的身体和头脑，让它们处在放松的状态。

金球滚动式冥想放松全身

选择舒服姿势平躺或斜躺。闭上眼睛，开始腹部呼吸。

想象你头顶的正上方悬浮着一个明亮的金色能量球，随着你的呼吸，球向下滚过你的前额，球的热量使你前额的肌肉放松。接着，让金球冲洗你的眼睛，带走了眼部的干涩与疲劳。金球滚过你的双颊、嘴唇和下颌，融化了脸部肌肉的紧张。金球的光和热穿透皮肤，你的身体得到了更深层的放松。

让金球继续向下滚动，经过喉咙到达肩膀，消融了脖颈和肩膀的酸痛感和紧绷感。接着，金球来到了你的胸前。你的胸腔开始放松，温暖和放松的感觉在胸腔蔓延，并且延续向下伸到胳膊，穿过双手。金球继续向下，滚过你的腹部、耻骨和腹股沟，在这些地方，你都感觉到了金球的温暖气息融化了身体的所有疲劳。金球继续沿着你的大腿和小腿向下滚动，直到你的双脚和脚趾。接着，金球又滚向你的背部，由下向上开始温和地移动。

当你对这种金球的运动路线驾轻就熟之后，你可以把金球快速顺着身体滚动几圈，直到你的身体得到完全放松。

简单可行的背部放松冥想

腰酸背痛可以说是现代人最常见的问题之一，根据医学统计，80% 的人在一生中都会经历腰酸背痛，再加上现代人工作时需要长时间坐着，使得这个问题更加严重。

下面介绍几种非常简单可行的背部放松冥想，每天随时都可以做一遍，可以使支持脊柱的肌肉放松。具体操作方法如下：

（1）身体仰卧，双腿并拢，双手握一根橡胶带（普通皮带、围巾、拉力器均可）。接着抬右腿，使腹部和臀部感到压力，将胶带套在脚底，腿部不能弯曲，然后拉动胶带，尽可能贴近自己的身体，该动作重复2～3次后回到起始状态，换左腿，自由呼吸。

（2）身体仰卧，抬腿屈膝，贴近胸前，双手交叉抱紧膝盖下部。吸气时尽量将腿前伸，双手同时抱紧腿部（故双腿无法完全伸直），呼气时双膝尽量贴近胸前。

（3）身体仰卧，双腿踝部交叉，然后自然分放于身体两侧，慢慢将骨盆和腿部向一个方向转动，头部则转向反方向（肩部触地不动），自由呼吸。

（4）身体仰卧，双腿伸直并拢，双手自然分放两侧。右腿经左腿膝盖下部弯出，尽量使右膝贴近地面（肩部不得离开地板），这一动作应保持30秒钟，然后回到预备姿势，换另一条腿做，自由呼吸。

（5）跪立，双肘同时触地，目视前方，在每次重复练习时，膝盖与肘部之间的距离应渐渐加大。在均匀吸气时，轻轻低头，在呼气时，头部放松下垂，同时将背部弯成弓形，像猫一样，深吸一口气，然后慢慢呼气，抬头，同时使背部往下弯曲，绷紧肌肉，使肩胛骨尽可能向后收紧，屏住呼吸，再做2～4个往下弯背收肩的动作，然后使肩胛骨放松。

（6）四肢支撑在沙发床或板凳上，右膝弯曲，右足面放在左脚踝部上。在重力的作用下，膝盖部将缓缓下降，吸气时，控制身体的下降，呼气时，则继续让身体下降，这种升降动作可坚持1分半钟左右，然后换左膝。

狗式伸展缓解背部紧张

狗式伸展这个名字虽然有些难听，但经常练习狗式伸展却能够让你的背部保持健康舒展。

双手分开，与肩同宽，手撑着地；两膝分开，与髋同宽，跪在地上。

你的膝盖可能会觉得地板太硬，你可以把柔软的垫子垫在膝盖下。

手掌撑着地，手指最大限度地分开。

脚趾朝里弯曲，撑着地。

把身体的重心后移至腿上，就像你要蹲起来一样。手臂不要弯曲，保持挺直的状态。

把膝盖抬起来，离开地面，重心继续后移，至双脚。直到你把膝盖伸直，双脚直立。把你的臀部向后移，就像有人用绳子套住了你的臀部，把它往后上方拉一样。腹部收紧。现在你的身体姿势就像一个倒转的"V"字。

接着，用手和胳膊的力量撑着身体往后挪动，让胸部尽可能地贴近双腿。双脚用力撑住地面，让双腿支撑身体更多的重量。尾椎骨绷紧突起。把肩胛骨向后向下收紧，达到脊柱拉直的目的。你会有这样一种感觉：背部的肌肉似乎脱离了脊柱，与脊柱之间有一定空隙。如果你的身体够柔韧，就让胸部再向大腿靠近一些。头部自由下垂。最开始练习的时候，可能会稍有困难，当你熟练之后，每次保持这种姿势 1 ~ 3 分钟。

保持这个姿势，让呼吸到达腹部，进行 3 次呼吸计数。然后把重心移到手臂和肩膀上，用手和膝盖支撑着，跪在地上。

以上动作为一组练习。每次重复 3 组这样的练习。

自生训练缓解头痛

自生训练是 20 世纪 30 年代发明的冥想方法，这个方法对治疗偏头痛有显著的效果。

平躺或者斜躺，让自己的身体放松，闭上双眼，将注意力集中到呼吸上。感觉自己吸入了宇宙能量。

渐渐地，把注意力集中到右腿上，并且在心中默念"我的右腿暖和而坚实，我的右腿暖和而坚实，我的右腿暖和而坚实，我的心情非常平静"。

然后，把注意力集中到左腿上，并且在心中默念"我的左腿暖和而坚实，我的左腿暖和而坚实，我的左腿暖和而坚实，我的心情非常平静"。

接着，把注意力集中到右臂上，并且在心中默念"我的右臂暖和而坚实，我的右臂暖和而坚实，我的右臂暖和而坚实，我的心情非常平静"。

接着，把注意力集中到左臂上，并且在心中默念"我的左臂暖和而坚实，我的左臂暖和而坚实，我的左臂暖和而坚实，我的心情非常平静"。

接着，把注意力集中到心跳上，并且在心中默念"我的心跳平稳规律，我的心跳平稳规律，我的心跳平稳规律，我的心情非常平静"。

接着，把注意力集中到呼吸上，并在心中默念"我的呼吸绵长而放松，我的呼吸绵长而放松，我的呼吸绵长而放松，我的心情非常平静"。

接着，把注意力集中在腹部，并在心中默念"我的腹部平坦而放松，我的腹部平坦而放松，我的腹部平坦而放松，我的心情非常平静"。

最后，把注意力集中在额头，并在心中默念"我的额头清爽没有负担，我的额头清爽没有负担，我的额头清爽没有负担，我的心情非常平静"。

以上是一组的练习，将这个冥想练习持续10～15分钟，直到达到让你满意的效果为止。深呼吸几次，睁开眼睛，结束冥想。

按压虎口穴缓解头痛

虎口穴是一个广泛应用于减少疼痛的穴位。在我国古代的时候，拔牙之前大夫会针灸此穴作麻醉之用。这个穴位位于大拇指和食指的连接处。拇食两指张开，以另一手的拇指指关节横纹放在虎口上，拇指尖到达的地方就是本穴。按压虎口穴可以缓解头痛、牙痛、肩颈痛，等等。需要特别说明的是，如果你怀孕了，一定不要按压虎口穴，这会导致早宫缩。

在按压虎口穴以缓解身体部位疼痛时，可遵循这种方法：如果你的膝盖疼，掐住虎口，同时轻轻地运动膝盖；如果肩膀疼，掐住虎口，同时轻轻地转动肩膀；如果是关节炎疼，可掐住虎口穴，同时挪动疼痛的关节。在这里，我们以头痛为例。

在做这个冥想时，选择一个舒适的冥想姿势，做几次深呼吸放松身心。

找到一只手的拇指和食指之间最疼的肌肉，用另一只手的拇指和食指掐住这个地方，让被掐的这个地方感到微微疼痛。

让呼吸缓慢而平稳，掐住虎口穴的同时，把头稍稍像前面移动，保持 1 ~ 2 分钟。

然后，换掐另一只手，重复上面的步骤。

在做了几次上面的动作后，你的头痛应该会减轻。如果没有，继续做下面的动作。

掐住虎口穴的同时，把头轻轻地从左向右移动。然后，向右垂头，让右耳靠近右肩，接着，向左垂头，让左耳靠近左肩。

然后，换掐一只手。注意两只手掐住虎口的时间要一样长。

做完上面的动作后，深呼吸几次，结束冥想。

蓝色冰块缓解身体燥热

在办公室里工作久了，我们常常会有一种浑身燥热的感觉，尤其是在闷热的夏天。这时，我们不妨通过观想蓝色冰块来缓解身体的燥热感。

选择一把舒适的直靠背椅子，以坐姿形式进入冥想。闭上双眼，把注意力集中到呼吸上。渐渐地，你感觉你的身体越来越沉，你的全部身体重量都在椅子上。

把注意力集中在你的顶轮上，想象一块蓝色的冰块在这里形成。你的头顶在蓝色冰块的作用下冷却下来。接着，你的眉心轮处也感受到了凉意。接着，随着你的吸气，你感受你的喉轮处也体验到了凉爽、舒适的感觉。接着，蓝色的冰块缓缓地滑向你的心轮，冰爽的感觉浸润着你的前胸后背，并且让你的身心感到松弛与平静。

蓝色冰块继续缓缓下移，到达你的腹轮、脐轮、根轮，并逐渐使冰爽的感觉到达全身。

接着，将注意力重新转移到头顶，想象蓝色的冰块化作冰雾，从头顶开始流入你的身体内。

慢慢地，将注意力集中到呼吸上，睁开眼睛，结束冥想。结束冥想后，可以喝一杯凉水。

温暖光球增加关节韧性

冥想以缓减关节疼痛，增加关节韧性，需要 7 ~ 10 分钟时间。

首先调整身体姿态，站立或坐立，双脚分开，与肩齐宽。脚与阴气或地气相连，这样一来，在用手做动作的时候，你就会将阳气聚集。将双手抬至胸前，手心相对，掌跟合实。双手闭合，分开缓慢地交替。

当手掌靠近时，去体会和追寻某种痛感。这时候，能量就会像羽毛一样，有一种可触摸的感觉。也许你可能什么也感觉不到。如果你什么也没感觉到，努力去追寻就是了。重要的是你驾驭这种微妙能量的意念。重要的不是感觉到它，而是追随它。

举起双臂，对着天空，将阳气聚集在臂上和手上，然后取下来放在胸前。让天上的能量变成一个温暖小光球。再举双臂聚集更多的阳气，反复几次，以便让此能量得到强化和集中。将呼吸集中在光球上。

想象每次呼气和吸气都使阳气得到加强，然后用手将球放在患关节炎的地方，如果是指关节，用一只手引导就行了。将能量球置于上方，随着每次呼气吸气，使治疗能量从手掌转入关节内部。在凝神于呼吸的同时继续将手置于关节上方停顿一会儿，需要时将气球导向别的关节。重复相同步骤。

练习完成时，抖动双手，将阳气及可能来自关节处的残余能量放出。

疼痛释放对抗慢性疼痛

选择满意的冥想姿势，闭上眼睛，进行腹部呼吸，让身体完全放松。感觉你的全身每个细节，有哪个部位出现了紧绷或者疼痛，就把注意力集中到紧绷或疼痛的那个部位，让你的呼吸从不适感中轻轻穿过。体察自己在疼痛瞬间的情绪变化或者当时的想法，告诉自己，你一边呼吸一边体察身体的不是感受是一种绝对安全的行为。

接下来，开始问问自己：我应该如何描述我现在体验到的身体不适？我的这种疼痛是不是独一无二的？这种不适是我的身体经常出现的老毛病吗？这种不适感超出了我所能忍受的范围了吗？这种不适感具有某种结构吗？这种不适感是钻心的，还是火辣辣的，还是沉重的？

你将你的呼吸集中到身体的不适部位，这样做具有积极意义，呼吸能够为你紧绷和疼痛的部位注入一种轻松平静的暖流。冻结你的身体不适感，让它不再扩散。

向你的身体不适处呼吸，这样呼吸可以帮助你把注意力集中于紧绷或疼痛处，为仔细体察不适腾出空间。你一边接受这种身体疼痛，一边释放它。

随着你的一呼一吸，你感受到了接受、释放、愈合的过程。呼吸让压迫在该部位的紧绷与疼痛逐步分别飘散而去，渐渐地，你感受到你的紧绷感和疼痛感得到了缓解。你的身体像是躺在一叶扁舟上漂荡。你感受到了时空的宁静，置身于深深的放松状态。

你想象着金灿灿的阳光倾泻而下，照耀着你的全身。

渐渐地，将注意力转移到你的身体上，轻轻的动动脚趾、手指，从"10"慢慢地数到"1"，然后睁开眼睛，结束冥想。稍作调整以适应周围的环境。

色彩释放缓解疼痛

色彩释放冥想源自芝加哥大学心理学家尤金·简德林博士的注意力聚焦法。进行此冥想 5 ~ 10 分钟，可以有效缓解身体疼痛。

选择舒服的冥想姿势，闭上眼睛，进行腹部呼吸。当身体感觉松弛之后，把注意力集中到疼痛的部位，问自己几个有关于疼痛的问题，这种疼痛有多强烈，是怎样一种疼痛。把你的疼痛想象成一个一种颜色，如果你身体的不同部位有不同的疼痛感，就把他们想象成不同的颜色。把注意力集中到这个色彩上，做深呼吸。

接着，想象什么颜色可以缓解疼痛。想象这种止痛的颜色随着自己的吸气吸入自己体内，到达了疼痛的部位。反复几次，感受自己的疼痛部位有所缓解。

当身体所有的疼痛部位都缓解之后，回到清醒状态，睁开眼睛。

4. 用宁静激发灵感进入你的灵感世界

用宁静激发灵感

当我们遇到不能解决的问题时，即使不去想它，但潜意识还是在不断对我们的知识结构进行整合、更新。当整合接近解决问题时，在某个点上，就会被突然触发，产生灵感。以研究超导体而获得诺贝尔物理学奖的布莱恩·约瑟夫森就常常借由冥想获取灵感，他曾说："以冥想开启直觉，可获得发明的启示。"

选择舒适的冥想姿势，闭上眼睛，把注意力集中在你的呼吸上。进行几组深呼吸，让自己完全放松。

想象你身处一个独具特色的工作室中，这个工作室能够落实你的各种"鬼点子"。在这里，你成了一个天马行空、主意不断的人，你的脑子里有无数的新想法。工作室中正好有一个创造性的任务需要你去完成——需要你动用你所有的创造力，运用工作室中的任何工具和素材，创作一幅画。你找到一块巨大的帆布，打算在这块帆布上面开展你的创作。你用水彩颜料在上面做了个潇洒的泼墨，把发着闪闪金光的彩色玻璃碎片有层次感地粘贴在帆布上，用微小的镶嵌片创造出狂热的设计，在创作这幅独特的画作的过程中，你的头脑十分专注和活跃。

当你完成了这幅作品之后，你听到工作室的门铃响了。你去开门，发现是你的三五个同事，你邀请他们进来。他们发现了你的作品，并且惊讶于你能够创造出如此独一无二的作品，然后他们久久地注视和讨论作品的内涵。你感到十分自豪。

接着，你们一起把你的作品挂到工作室中显眼的位置。你注视着你的画作，回想当你创作这幅画时候的情感体验。并且，为自己拥有的创造力惊叹不已。

慢慢地，把注意力重新转移到呼吸上，睁开眼睛，结束冥想。

冥想结束之后，你可以立即投入到你之前没有解开的工作难题上，让冥想后的创造性头脑解决这些难题。

进入你的灵感花园

根据科学的实验证明，当人进入冥想状态时，大脑的活动会呈现出规律的希腊脑波，此时，人的想象力、创造力与灵感便会源源不断地涌出。下面，请你微微地闭上双眼，将心智内敛陷入沉思，进入你内心的灵感花园。

调整均匀的呼吸，呼吸要绵长、缓慢。深深地吸一口气，想象漫步洒满阳光的林中小径，阳光明亮却柔和。一阵微风吹来，轻轻地拂过身体……

在静默的小径中，漫步行走，突然看到一片花海，每一朵花都芬芳迷人，开得夺目。各种颜色的花争奇斗艳：白色、淡黄、橘色、柠檬黄、大红、天蓝、深蓝、紫罗兰。花瓣有的大，有的小；有的光滑，有的看得见纹路。绿叶和浓荫陪衬着花海，花园周遭的空气清新而愉悦。你忍不住要深吸一口，将这芬芳吸入身体的腹底，让身心得到净化。在一片盎然生机中，有一种熟悉的喜悦正感动着生命，开始回忆人生中最令人感动的一幕，回忆最让人动容的爱的故事，在这里陷入爱的冥想，并沉浸一段时间，感受这份爱，想象那些让我们动情的爱的感觉。

你的灵感慢慢出现。每朵花对你来说都是一种概念，是你的一个点子。有的花是一段故事，有的花是一段回忆，有的花是你的某段旅程。花海在蔓延，你采下花朵，想采几朵花就采几朵花，将花儿扎成花束。花园一直都在，一直都是花团锦簇，不论春夏秋冬，不论晴初霜旦，全年盛放，等着你去采撷，这就是每朵花存在的意义。花儿怒放的目的就是帮你制造创意。

只要你想，你随时可以来到这片花海，给花海编织出形状。用花儿去创造，去生产。

保持这份冥想一段时间，时间长短视个人为主。心情慢慢地平静下来，意识开始恢复到正常的状态。感受此刻的安详、心旷神怡，体味冥想带来的快乐，在心中默数，回到清醒状态。

沉寂在冥想状态时，脑中会乍现答案

科学发现，冥想可以让人的左脑平静下来，使得支配知性与理性思考的脑部新皮质熟睡，脑波会转成希腊脑波。此时想象力、创造力与灵感便会源源不断地涌出，此外对于事物的判断力、理解力都会大幅提升。

埃玛·盖茨博士是美国大教育家、哲学家、心理学家、科学家和发明家，他一生中在各种艺术领域和科学领域中做了许多发明，有许多发现。他每次遇到棘手的问题时，就会走进他的冥想房间，关上房门坐下，熄灭灯光，让全部心思进入深沉的集中状态。他就这样运用"集中注意力"的方法，要求自己的潜意识给他一个解答，不论什么都可以。有时候，灵感似乎迟迟不来；有时候似乎一下子就涌进他的脑海；甚至有些时候，至少得花上两小时那么长的时间才出现。等整个思路比较清晰明了时，他就会立刻抓紧时间把它记录下来。

埃玛·盖茨博士曾经把别的发明家努力过却没有成功的发明重新研究，使它尽善尽美，因而获得了200多项专利权。而当他创造力枯竭、大脑疲惫的时候，所采取的方法正是冥想。

冥想并不是要消失意识，而是在意识在十分清醒的状态下，让潜在意识的活动更加敏锐与活跃，进而与宇宙意识波动相连接。

科学家认为，宇宙本身充满着振动或讯息。人脑亦受到宇宙中天体运动的支配，是宇宙的一部分，而且能吸引宇宙中同频率振动的物体和讯息。就像是收音机调对了频率，就能清晰地接收到频道信息一样，借由冥想开启右脑的人，能够接收和使用宇宙的资讯与构想。冥想就是针对宇宙"调频"的一种方式。

5. 你知道如何通过冥想缓解疲劳吗

冥想练习：清理练习

找个安静的环境，坐在床上或地毯上，双腿伸直平放，双手很自然地放在膝盖，抬起头盯着某一点看，这样做的目的是为了让你的眼皮逐渐沉重，让眼睛感到疲倦，这时候你要不时地眨一下眼，就像很困倦的时候拼命保持清醒一样，你努力想要睁开眼睛，但越来越困难，直到你的眼睛完全闭上。

然后，想象自己是一个充满了气的气球，你感到被压力包围着，想要解脱想要放松，想象你的手握着气球口，松开手，所有的压力都被释放了，你感到很轻松。慢慢地做几次深呼吸，让你的整个身体从头到脚每块肌肉都放松下来，你的内心也感到很平静，现在进入深度放松状态。

想象你正走在一个山洞里，除了头顶偏暗的淡蓝色的灯光周围什么都没有，你感到非常放松，就像在睡梦中一样，没有任何压力，没有烦心事，你轻松自在地慢慢走着，走着，然后你看到了不同于山洞里的亮光，那是山洞的出口，你走到那里，你的潜意识打开，你看到一幅美丽的画面，姹紫嫣红的花朵、清澈见底的小溪、温暖的阳光、和煦的微风、温驯的小鹿、活泼的兔子、黄莺在枝头歌唱，一切都是那么和谐美好，包括你自己，你也成了这幅景象的一部分。你感觉自己变得很轻，你穿过花丛，像飘在其中一样，现在让自己深深地沉浸在潜意识里，在心里默默对自己说出下面的话语：

"我接受我的过去，不管它们是好还是不好，都是我的经验，是它们塑造了今天的我。我现在回头看它们，原来每一份回忆都是美好甜蜜的，我从挫折和失败中吸取教训，从成功中总结经验，我以后的路会越走越好，我会变得更坚强、更勇敢、更有智慧。

"我要和所有的负面情绪说再见，我爱自己，爱我的家人朋友，爱每个认识我和我认识的人。每个人都有自己的优点，我要多看他们的优点和长处，我要学习他们的优点，让自己变得更优秀。我希望每个人都幸福，我希望全世界的人都被爱滋润。我热爱生命，感激生命，感激帮助过我的人，我原谅自己的过错，也原谅伤害过我的人，我珍惜生命中的每一天。"

你看到了一座房子，你走进去，看到一面大大的落地窗，但是上面积满了灰尘，看不到外面的景色，那些灰尘就像你心里堆积的忌妒、自私、怨恨等负面想法一样，你要把它们清理干净。现在你拿起水壶向窗户上喷水，然后用抹布把灰尘都抹掉，将窗户擦拭得焕然一新，你心里那些负面的想法也随之消失不见。这时候你通过窗户看到外面的花朵、溪流、动物，整个世界都变得清晰明亮了。你感到由衷的轻松、喜乐，充满了对生命的热爱和感激。

现在开始往回走，你要慢慢回到清醒的状态，再次走进山洞，你感到头脑及内心都轻松了，你把焦虑、烦心、压力都清理掉了，你只感到自在，感到乐观。你走出山洞，带着全新的想法，你看到生命的美好，整个世界都变得善良、温暖。睁开眼睛，冥想结束。

生活需要轻载

据调查，有 5% 的疾病，是因为未加管理的压力所造成或是使之恶化的。当你处在压力当中，免疫系统就会受到抑制，因而就会增加疾病对你的侵害。

压力和伴随而来的负面情绪，譬如焦虑、沮丧等，我们通常称之为"心情感冒"。现代人当中，许多人经常抱怨起床的时候感觉很疲倦，无精打采，心情不好，或者精神恍惚。

现在生活节奏越来越快，生活压力也越来越大，生活中，我们渴望一份快乐的轻松，一份自然的宁静。可一颗浮躁的心，往往使这并不过分的渴望成为奢望。生活本应是快乐的，只因有太多"心虚"在作怪，所以才显得沉重。放弃一些本不该属于我们的东西吧，因为生活需要轻载。

正确有效的放松，会使你的身体在放松过程结束之后感觉轻松、愉快，使身体回复到自然、没有压力的状态。经常和有规律的冥想，即使每天只有几分钟，也可以在缓解压力程度中起到关键性作用。闲庭漫步，品一杯好茶，看一本好书，听一段喜欢的音乐，偶尔和家人或是邀上几个好友到郊外或更远的地方去漫游，与太阳、草坪和新鲜空气亲近，这些都是解除压力的冥想形式。我们不妨让自己活得洒脱一点，学会释放自己心中的压力，在为生活奔波停下来的时候，通过冥想让自己放松一下。

疲惫的心灵需要冥想的清明

对一个人来说，身体的健康、心灵的健康是非常重要的。而事实上，现代人的代表性疾病就是各种生活压力造成的，因为压力使人变得烦躁不安，进而导致各种疾病。而冥想恰恰是治疗各种压力的一个最简单最有效的方法。

　　一位年轻人去看医生，抱怨生活无趣和永无休止的工作压力，心灵好像已经麻木了。诊断后，医生证明他身体毫无问题，却觉察到他心灵深处有问题。医生问年轻人："你喜欢哪个地方？"

　　"不知道。"

　　"小时候你最喜欢做什么事？"医生接着问。

　　"我喜欢海边。"年轻人回答。

　　医生说："拿这3个处方到海边去，你必须在早晨9点、中午12点和下午3点分别打开这3个处方。你必须遵照处方，只有时间到了才能打开。"

　　这位年轻人身心疲惫地拿着处方来到了海边。

　　他抵达时，刚好是9点，没有收音机、电话。他打开处方，上面写道："专心倾听。"他开始用耳朵去注意听，不久就听到以往从未听见的声音。他听到波浪声，听到不同的海鸟叫声，听到沙蟹的爬动声，甚至听到海风在低诉。一个崭新、令人迷恋的世界向他伸开双手，让他整个人安静下来。他开始沉思、放松。中午时分他已经陶醉其中。他很不情愿地打开第二个处方，上面写道："回想。"于是，他回想起儿时在海滨嬉戏，与家人一起拾贝壳的情景。怀旧之情汩汩而来。近下午3点时，他正沉醉在尘封的往事中，温暖与喜悦的感受使他不愿意打开最后一张处方，但他还是打开了："回顾你的动机。"这是最困难的部分，也是治疗的重心。他开始反省，浏览生活、工作中的每一件事、每一种状况、每一个人。他痛苦地发现，他很自私，从未超越自我，从未认同更高尚的目标、更纯正的动机。他发现了造成厌倦、无聊、空虚、压力的原因。

　　最后，年轻人发现自己的压力没有了，彻底放松了，对生活重新充满希望。

我们如果感到压力大、情绪不好，不妨在家中试着练习。这种冥想将意识训练和行为训练结合在一起，意识训练一般要求静立、静坐和静卧，集中精神，调整呼吸；而行为训练则是用轻柔的动作来放松肢体。为什么两种训练能缓解压力呢？这是因为呼吸的调节、身体的放松确实能够起到缓解压力的作用。如果放慢呼吸，心脏适应其速度后，就会随之放慢跳动节奏，对脑部的供血也会改变，从而实现对情绪的某些影响。

在充满紧张、压力的现代社会，无人不在找寻能获致身心平和宁静的方法；无人不渴望获得解决生命一切问题的智慧；无人不希望生活在不受破坏、不受污染的环境中。而冥想能为我们指引正确的方向，为我们的进步奠定良好的基础。

让沐浴成为更大的享受

沐浴就是一种很好的缓解压力的方式。你脱光衣服，与自己赤裸相见，这本身就是一件具有正面意义的事情。在古老的时代，冥想者最大限度地赤裸身体，为的就是能够直面自己的身体，最大限度地回归本来状态。

想要更好地放松，一定要选择在浴缸里舒舒服服地泡上一个小时左右，淋浴虽然也很舒服，但是起不到舒展全身的效果。如果觉得太麻烦，可以不用每天都泡澡，利用周末的晚上，烧好一浴缸的热水，然后轻轻地让热水把自己的整个身体都淹没，如果可以的话，在浴室里放上一段轻音乐，闭上眼睛，静静地欣赏，随着音乐的旋律，让思绪和情感随意地飘飞、流淌。女性朋友为了美丽和芳香，还可以在浴缸里放入一些花瓣，让花瓣将自己包围，是不是会觉得在享受贵妃般的待遇呢?

泡澡的时候,随心随意,慢慢地享受,切不可心急,如果只是为了洗澡,为了清洁,想要快点结束,就达不到放松的效果了,或者一开始的初衷就不对了。记住,这是我们放松的一种方式,学会静静享受这样一个过程吧。

除了沐浴之外,做个全身按摩也是放松身心的不错选择。累了一整天,整个身体都变得沉沉的,按摩的时候,闭上眼睛,什么都不用想,不但让身体得到放松,让大脑也暂时小憩一下,让整个身心都舒坦下来,按摩师会让你进入另外一个世界,感觉就像在云中飘浮,身体一下子变轻了,这才知道什么叫作享受啊!

4种另类的沐浴解压方案

压力侵袭时,你不妨根据自己的情况,给自己制订一套切实可行的"沐浴冥想"解压方案。

矿泉浴

矿泉浴冥想法是指以一定温度、压力和不同成分的矿泉水沐浴,通过矿泉水的化学和物理作用,既可调节人体的神经功能,又能提高迷走神经的张力,兴奋交感神经,具有明显的镇静作用,从而达到治疗失眠症的目的。

矿泉浴冥想法主要有以下益处。

(1)天然矿泉水含有许多人体所必需的微量元素,以及对人体有益的离子、气体、放射性物质,通过不断地刺激体表和体内感受器,来改善人体的调节能力。

(2)通过水的浮力、水静压、化学反应等方面对人体施加良性刺激,可疏通经络,扩张血管。

（3）水温使毛细血管扩张，血液循环加速，从而促进基础代谢，缓解身体的紧张状态。

治疗方法：矿泉水的温度以36℃～38℃为宜，一般每次浸浴15～20分钟，每日2～3次，10次为一个疗程。如有条件，应该长期坚持，更有益于身心健康。

日光浴

日光浴是让身体直接裸露在阳光下，并按一定的顺序和时间进行系统照射，利用太阳光的红外线的温热作用和紫外线的生物化学作用来活跃组织细胞，增强血液循环，促进新陈代谢，达到镇痛、安神、舒畅情志、调节内脏功能的目的，对于失眠症患者有很好的疗效。

治疗方法：一年四季均可进行全身日光浴，要求裸体，并不断地翻转身体，使各部位能均匀、充分地接受日光的照射。一般适宜气温为22℃～26℃，不应低于18℃或高于36℃，并应在天气晴朗、阳光充足（一般为上午9～10点，下午3～5点）的条件下进行。照射时间可由5～10分钟开始，逐渐增加到1～2小时。每次日光浴后，可用35℃的温水淋浴，然后静卧休息。一般连续晒日光浴20天左右为一个疗程。

沙浴

沙浴是以河沙、海沙或田野沙作为媒介，将人体的局部或全身掩埋在温度适宜的细沙中，利用沙子的温热和按摩作用，达到通经疏络、行气活血、散风祛寒、暖脾温胃、强腰健膝、安心定神、调阴和阳的目的。沙子里含有原磁铁矿微粒，患者在进行沙浴的同时，也接受了一定的磁疗。

治疗方法：选择合适的细沙场地，患者身穿薄内衣，仰卧或俯卧于细沙上，助手迅速取温度50℃～55℃的细沙覆盖在患者身体上，覆盖厚度视患者的耐受程度而定，每次 30 分钟，每日 1 次，30 天为一个疗程。

森林浴

森林浴冥想法就是沐浴森林中的新鲜空气，多在森林公园、森林疗养地或人造森林中进行。森林中的空气清洁、湿润，氧气充足。某些树木散发出的挥发性物质，具有刺激大脑皮层、消除神经紧张等诸多妙处。

有的树木还可以分泌能杀死细菌的物质。此外，树木的光合作用产生大量的氧气，负离子含量较多，空气清新，环境幽雅。在森林中尽情地呼吸洁净的空气，适当地锻炼，可以达到调节机体脏腑机能、消除疲劳、养心安神、治疗失眠的目的。上午阳光充沛，森林中含氧量高、尘埃少，是进行森林浴冥想的最佳时机。

治疗方法：一般应选择每年 5 ～ 10 月，室外气温 15℃ ～ 25℃，阳光灿烂的白天进行森林浴，以上午 9 点至下午 5 点为宜，每天 1 ～ 2 次，每次 60 ～ 90 分钟。

把你的秘密一吐为快

一个内心秘密太多的人，一定是一个压力过大的人。与过去的人一样的是，我们仍然有秘密，而且还比过去的人多了很多，这些秘密在心里积压久了，发酵成了叫作"郁闷"的东西，于是我们有了倾诉的想法，可是说给谁听呢？

我们偶尔看到在楼下疯跑的小孩子，他们总是喜欢围着大树转，或是爬到树上大喊大叫，他们总是喜欢蓝的天，绿的树，红的花，好吃的饼干，好玩的玩具，因为这些东西是真实的，是那种真切看得到、摸得着的，于是他们无比热爱。而年龄越大的人，却越是倾向于喜欢虚拟的东西，有时候他们自己都没意识到。就像网络上的"树洞网"，其实完成"找一个树洞说秘密"这件事，一共只需要两种道具，那就是"树洞"和"有秘密的人"这两样，我们在现实中都能找到，可是很多人却选择去"树洞网"实现这一切，为什么？有人可能会说，我家附近没树洞，有人说我忙，没有找到一个树洞并说出秘密的时间；有的说，那样看起来真的是太傻了；而有的人说我压根儿就没想到……

是的，很多人压根儿就没有想到，有太多时候，我们从想做什么事情到真的做了，往往隔了太多复杂的"程序"，我们对于真实的触感变得有些陌生了，就像我们心里有秘密，想倾诉又不想让别人知道，我们一般不会想到可以找个树洞说出来，而是选择上网查找、注册、登录、打字、按回车、点发送。在这个过程中，可能除了喝水，我们连嘴都没张一下，可是我们却把整个倾诉过程完成了，这看起来是不是更傻呢？

偶尔让自己做点儿在外人看起来比较傻的"傻事儿"吧，比如，去找个树洞，说出你的秘密。即使，你没有因为倾诉而让自己变得快乐，至少，会因为真实的自己而快乐。

另类冥想：心无杂念地痛哭

无处不在的压力给现代人的情绪带来了恶劣的影响，你肯定也有亲身体会：是不是莫名其妙地发脾气、烦躁，看什么都不顺眼；坐公交车、地铁，看旁边两个人有说有笑你就来气；别人不小心踩了一下你的脚，你就像找到发泄的渠道一样，跟人大吵了一架……其实，这些坏情绪无一不是压力带给你的。当压力越来越大，你的情绪越来越差时，结果只有两个，那就是：不在压力中爆发，就在压力中灭亡。当然，这两个结果我们最好是选择前者，情绪不好，发泄出来就可以缓解了。

最近，在北京的部分白领中，一个被称为"周末号哭族"的群体正在兴起，而这种看似自虐的方式正是他们舒缓压力的途径。

痛痛快快、心无杂念地大哭一场，也可以是一种解除压力的冥想。心中的不平、不满、不快、烦恼和愤恨统统都在眼泪中倾泻出去。请记住，哪怕是一点小小的烦恼也不要放在心里。如果不把它发泄出来，它就会越积越多，乃至引起最后的总爆发，导致身心不快。因此，别怕别人说你脆弱，当你的压力到达极限的时候，不妨进行一场另类而畅快的"痛哭冥想"吧！

喊吧，让压力畅快淋漓地发泄

当厌倦都市喧嚣，感觉身心疲惫时，利用节假日到郊区散散心，亲近一下大自然，呼吸呼吸新鲜空气，吃顿野餐，在旷野尽情呐喊，或者放声大哭，都可宣泄内心压力。

呐喊，首先要选择一处适合的场所，尽情释放，同时不会干扰到别人，也不会引起不必要的误会。如果是在家中，可以关闭好门窗，打开音响，放一些摇滚乐或是Rap，然后尽量释放自己。电影《考试一家亲》中面临高考的儿子压力很大，就是选择在自己的卧室，放摇滚乐，并跟着音乐大喊"别理我，我烦着呢，这样的生活我已经受够了"。你不必跟着音乐喊出歌词或是句子，可以深吸一口气，大声地喊出来。

要喊就喊个够，你不必委屈自己，悲愤、压力在你心中酝酿已久，你需要爆发，需要释放。喊吧，喊吧，喊吧，喊吧！

放开对世俗的顾忌，喊到你舒畅为止。最好用丹田之气来喊，否则声嘶力竭，对嗓子是一种伤害。但如果嗓子嘶哑，换来了内心通畅，当然也是值得的。

"抽风"和蹭墙，让压力一扫而光

"抽风"这个词是让人难以理解，总有胡言乱语、发神经、行为举止不正常的意味。然而，感到压力巨大，而且深感不安时，可以试试这种减压方式。不安有不同的表象形式：暴躁、易怒、焦虑、恐惧等。担心身边发生不幸的事，或是身处逆境，就需要这种看似非常规的发泄方式。

"抽风"和蹭墙这两个练习方法都很简单，先说"抽风"。用洗脸盆打一盆水，把脸浸泡进去，这样就会无法呼吸，坚持半分钟，你就会感到紧张和恐惧，再坚持几秒，你甚至会感觉到死亡的气息，看自己能坚持多久。

当你坚持不住时，把头抬起来。你此时呼吸急促，因为此刻你的肺部需要大量的空气，你可以疯狂地呼吸，将腰快速地弯曲、伸直、弯曲、伸直……一直重复。以较高的频率呼吸，每次呼吸都要到达腹部，直吸到肚脐的位置，这就需要身体的配合。这个状态下，你会觉得眩晕，体温升高，眼泪、鼻涕、口水也许会随之流出，暂时不去管他。不要在意此时自己会有多狼狈，全心投入"抽风"之中，直到筋疲力尽。

仰躺下来，平复自己的情绪。可以配合呼吸让自己慢慢平静。做这个练习，最大的要求就是投入，在挑战身体极限的同时将压力释放掉。需要注意的就是高血压、心脏病患者不适宜进行这种练习。

蹭墙，相对来说简单易行得多。背靠墙壁，身体和墙壁的倾斜角度大约是15度，切记不要失去重心，也不要太坚持自己的重力支撑，可是离开墙壁的支撑你会站不住。闭上双眼，通过弯曲和伸直膝盖让脊背沿着墙壁上下蹭。自己掌握节奏和速度，时间不要少于15分钟。任何人都可以进行这种练习。选择一面光滑的墙壁，穿一件耐磨或是磨破了也不会心疼的衣服就可以了。

把自己想象成婴儿，保持安详和纯真

婴儿一般都是仰卧、平躺，这样的睡姿没有压迫感，自然放松，让宝宝感到比较舒服；也不会对宝宝的心、肺、肠胃和膀胱等身体各脏腑器官造成压迫。我们的练习就是模仿婴儿的睡姿，使身体摆脱头脑的束缚，自由而放松。

想象自己是一个婴儿，身体柔软而放松，就连你的每个关节都是柔软的。自己躺在一个舒适的环境里，柔软的床铺，或是蓝天下的草地，或是母亲的怀抱，去感受这份安全和舒适。如果这个方式累了，可以选择一个你习惯的方式，只是要保持平躺。

克服自己的自律，找到一种随意、随心的感觉，把自己还原成婴儿，哪怕刚开始只是模仿也没关系。在冥想中，尽量细化到每个细枝末节，柔软的头发、细嫩的皮肤，甚至胖瘦……越是仔细生动越好。不用刻意追求什么效果，达到什么状态，瞌睡就自然睡去；精神不集中就天马行空地想象。

保持安详和放松，就是这组冥想练习的目的。坚持半个小时，慢慢恢复正常状态。

超然物外，你可以像山一样广阔

这个练习需要采用观想的方法。打坐、坐式、静卧都可以。

调整好呼吸以后，想象自己的身躯变得越来越大，像一座山一样。你在山顶，俯瞰忙忙碌碌的众生，像蚂蚁一样疲于奔命。你不必帮忙，也不必干预，只要在观想中静静地注视，时刻注意你的呼吸，当你的注意力不能集中时，试着把注意力放到你的呼吸上。

你如大山一样巨大，顶天立地，众生在你脚下变得非常渺小，他们的痛苦在你看来，都是微小的。你在这个状态下，需要做的就是默默注视烦恼的大千世界。你所看到的不过是这个世界本来的样子，这一切与你无关，却又息息相关，你有机会选择自己的道路和方式。你岿然不动，是永恒的，强有力的。你头顶蓝天，呼出的气体就是流云，清风轻拂着你的脸，你的双腿、双脚和大地相连。你的脚下是来往的人群，你的身边是开不尽的繁花。

天空是你，大地是你，海洋是你，群山是你，江河是你，风雨雷电是你，人间是你，众生是你。观想着这一切，你因这一切而真实，完整。也许在现实中，压力如同山石一样压在你的胸口，然而现在，你是一座更雄伟的山，这些压力也会变成山间的特产或是珍贵的矿藏，变得让人欢喜。

感受你的身体，感受压力的聚集和流动，深呼吸。压力随着氧气进入你的血液，进入你的细胞。不需惧怕压力，此刻你和压力结合在一起，它变成了你身体的一个部分，你伟岸的身躯完全可以扛起这些压力。

深呼吸，用呼吸化解你体内的压力。当压力消解以后，慢慢停止冥想，这组练习最好不要超过 30 分钟。

在对水的观想中驾驭压力

《老子》曰："上善若水，水善利万物而不争。"意思是说，最高境界的善行就像水的品性一样，泽被万物而不争名利。

车尔尼雪夫曾经写过这么一段话："水，由于它的灿烂透明，它的淡青色的光辉而令人迷恋，水把周围的一切如画地反映出来，把这一切委曲地摇曳着，我们看到的水是第一流的写生家。"就连玻璃杯里面透明的水，喝的时候心都要很细。喝到嘴里面，你要用舌头去感觉水的味道，去感觉水的清凉，要把这个感觉也记到心里，不单单观水，还有水的味道，水是滋润的，是可以解渴的，水是清凉的，水是柔软的。

你心里面如果有了这样的水，那你就会得到清凉，就有智慧，就会有定力。

下面是这个冥想练习，通过对水的观想让你释放心中的压力。

最好采用打坐的姿势，一般的姿势也可以。在调整好呼吸以后，观想聚集在一起的水：湖泊、河流、小溪、深潭或是海洋。要观想自然的，有一定水域规模的水，想象自己就坐在水边，周围的环境清幽明丽，有绿树、小草、鲜花、鱼虾、山石。接下来集中注意力在水面上，感受水带给你的清澈、安详、心旷神怡。在观想的状态中，进入水中，慢慢下沉，不必担心你会溺水，你在水里完全可以自由呼吸。你感受不到身体的重量，也感受不到任何压力，只有水的温暖和流动。用你的心和水交流，感受水的力量，这股力量温柔却绵长、强大。

渐渐地，你的身体变得透明，完全消失在水中，你和水完全融合在一起，你的意念和水的意念也融合在一起。现在，你就是小溪、河流、海洋……

用半小时的时间享受这种感触，如果愿意，可以延长一些时间。慢慢调整自己的呼吸，平复自己的状态。

落地生根释放压力

与地相连是冥想解压说中的一个重要概念。与地相连是一种以自身为中心，释放由于压力和紧张所积累的多余能量的方法。在与地相连的冥想练习中，你可以把你的身体想象成是一个透明的瓶子，瓶子里面装着你的生命能量。当你没有压力和束缚的时候，这个瓶子内所装的生命能量是清澈透明的，但当你的身心处于压力和紧绷状态时，瓶子里的生命能量就会浑浊不堪，就像地下泉水不断地流动一样，你身体这个瓶子里的水也是循环的，与地相连能让瓶子内的生命能量进行新陈代谢，把瓶子里污浊的生命能量排出去，让你重新获得清透有力的正面生命能量。

无论是生活还是工作，都会对你的身心产生压力，与地相连是一种很好的解压方法。与地相连实际上是让你的身体与地之间建立一种特有的联系。在你与大地建立了这种有力的联系之后，你的内心会有一种踏实自然、身系于地的感觉。以下是与地相连的具体方法。

选择一把舒适的直靠背椅子，以确保你的双脚可以平稳的放在地上。坐在椅子上，背部靠在椅背上，身体放松。闭上眼睛，舌头顶住上颚。双手张开放松，放于膝上。观察你的呼吸，让身体随着每一次的呼吸节奏变得越来越沉稳、平和、温暖。

想象你的头顶上方 30 厘米左右的地方有一道耀眼的金光。这道光象征着宇宙力量，它照亮了你的生命力。想象这道光越来越亮，并且你把这道光吸入到你的体内，从头顶到脚趾，这道光到达了你身体的每一个空间、每一个缝隙。

继续专注于你体内的金光，想象这道光穿过了你的脚底，它从你的脚底延伸，直穿地底，你身体多余的能力顺着这道光排出。随着你的一呼一吸，这道光越来越深地进入地下，成为你的身体和大地之间的连接线。你的脚底感到越来越坚实，你的身体越来越暖和。你的身体正在随着射到地下的金光而进行一次大扫除。注意检查你身体和心灵的每个细节，是否有紧绷和紧张感，让所有的紧张和不适汇集到这道金光上，变成一团雾，把这团雾导出你的身体，经由那条连接线从你脚底排出体外，大地吸收了这团雾，把它变成正面的能量。

当你不再感到身体和心灵的压力了，就把注意力转移到简单的呼气和吸气中来。你慢慢睁开眼睛，结束冥想。

想象放松，让愉悦感代替压力

想象放松法主要通过唤起宁静、轻松、舒适情景的想象和体验，来减少紧张、焦虑，控制唤醒水平，引发注意力集中的状态，增强内心的愉悦感和自信心。

想象自己在床上伸展全身，水泥柱制成的双腿沉重地陷进床垫里。连手和胳膊也是水泥做的。一个朋友走进屋来，他抓住你的脚，想要抬起来，但是腿太重，他抬不起来。对于手、颈部等也可以进行这种想象练习。

想象自己的身体是个大木偶，双手被线松松地系在手腕上，小臂被线松松地系在上臂上，上臂又同样系在肩膀上。你的双脚、小腿和大腿也由一根线连在一起。你的颈部是一根软线。把控制你下颚和嘴唇的线放松，使下颚无力地耷拉在胸前。联系你身体各个部位的细线都是又松又软的，你的整个身体就这样松散在床上。

想象自己的身体是由一系列充了气的橡皮气球组成的。打开两脚底下的阀门，空气开始从双腿漏出。你的腿瘪了下去，最后像抽了气的橡皮管子一样瘫在床上。你胸部的一个阀门接着也被打开，空气开始泄漏，你整个躯干也同样瘪了下去，软绵绵地瘫在床上。

很多人发现，最能放松的一种练习就是回忆过去所体验到的轻松和愉快的情境。每个人在一生中总有某段时间感到轻松、安定、与世无争。

夕阳中的释压冥想

西下的夕阳如同一个年迈的老人，缓缓下降，它伴着彩霞下降，彩霞淡去，它未曾带走什么，只带走了白天，只带走了一天的美丽和灿烂。而它带来的是漫长的黑夜，天终会黑，然而，白与黑交替的那一瞬间，却是一种永恒的美丽。在夕阳西下之时冥想，能够体会到自然的无穷力量。

傍晚的时候，坐在山上，或在楼顶，这个时候，太阳的光线已经不那么刺眼了。如果远处有河，看着夕阳淡淡的光洒在河面上。看着微风吹过，河面上泛起的层层细浪，河水浮光跃金，许许多多的光点似颗颗神奇的星星，在波光粼粼的河面上调皮地蹦跳着、玩耍着。看着夕阳柔和的光照在路边的树上，使它们的叶子显得更加翠绿，闪烁着迷人的光泽。

看着落日的余晖，犹如大海退潮一般，不经意间，肃然地慢慢地悄无声息地退去，烟色的黄，由亮变暗、由深变浅、由浅变淡。慢慢地，黑暗就会泛上来了，眼前的景色悄悄地藏在黑暗里了，一切都不见了，时间也好像停止不动了，好一个安静祥和的世界。

静静地坐在这片安静祥和里静思冥想，你会感觉到一切烦恼和压力都消失得无影无踪了，可能你会想起过去的那段岁月，有过坎坷、有过风雨、有过失去……也许你会豁然间开朗，感觉一切都不重要了，只有这恬淡中的安宁，这满足的、无忧无虑的、毫无负担的笑。

在美妙的旋律中感受平静

忙碌了一天，晚上回到家里，不妨选取一组你喜欢的音乐，在一个安静的房子里，开着音响。如果你怕影响到其他人，塞着耳机也行。给自己一个比较舒适的姿势，斜倚在沙发上，或者半躺在躺椅上，或者干脆随意地让自己倒在床上，总之，你觉得怎么舒服怎么来。

然后微闭着眼睛，倒不用刻意地去留意音乐表达了怎样的一种情感，很随性很随意地让音乐缓缓地流过，通过你的耳朵，传到你的心里，你可以随意地让自己的思绪飘飞。

也许刚开始你无法完全沉浸在那片海洋，没有关系，慢慢地让自己的所有神经都放松，不要再把心思放到那些令人烦恼的事情上，抛开外面的一切，听音乐吧，想象这片音乐的世界里发生了什么，它可能是一个浪漫的爱情故事，也可能是在诉说某种情思，或是对理想的渴望，对未来的希冀，也有可能让你回想起从前的某些人某些事。重拾往事，是不是会让你有一些新的感悟？

也许在音乐的世界里，你的意识在慢慢变得模糊，不要紧，让自己慢慢放松吧，即使睡着了也无妨，这本是一个放松的空间，让身心得到完全的休息，不要因为自己在音乐的世界里睡着而感到惭愧，而应该感到幸福，让音乐伴着你入眠，是多么美好的一件事。

6. 静呼吸，自我催眠冥想

3种常见的呼吸疗法

呼吸是冥想中十分关键的一环，而运用呼吸疗法，可以有效地减轻失眠症状。呼吸疗法加上意念练习，能使交感神经和副交感神经之间的不平衡得到纠正，改善腹部经络血气运行，自然有益睡眠，尤其对于自主神经功能紊乱导致的失眠疗效明显。现介绍几种常见的呼吸疗法，供有失眠症的朋友们参考、试用。

自然呼吸疗法

首先，我们躺在床上要放松头部，从头发开始，放松头发，然后放松眼眉。眼眉放松之后做深呼吸，慢慢地深呼吸。吸气时让腹部自然鼓起，呼气时让腹部徐徐松下去；吸气时间较短，呼气时间较长，两者时间比例约为1:2。进行呼吸运动时还要有一种意念，即吸气时好像一股气从脚跟往上升，一直到头枕部，呼气时好像一股气从头部慢慢向下推移，最后从足趾排出。这样循环往复地一呼一吸，人就不知不觉地进入了梦乡。

腹式呼吸疗法

相对于生气紧张时以胸式呼吸为主，腹式呼吸是与放松有关的。学习腹式呼吸可以让身体放松，在不知不觉中，进入睡眠状态。而这样的入睡，由浅入深，可达到自然入睡的境界，醒后神清气爽，精神饱满。

（1）仰卧在被窝中，双手自然放在身体两侧，闭目，用鼻慢慢吸气，将吸入的气运入腹部中央，充满肺下部。将双肋向两侧扩张，以便吸入的气体能渗透到肺部的各个部位。

（2）接下来，徐徐呼气。先轻轻收缩下腹，待下肺部的气体全部呼出后，屏息一两秒钟，再开始下一次吸气动作。

（3）吸气时，慢慢举起双手至头上，手臂举到头顶部位；呼气时，慢慢将手臂沿弧线转回到身体两侧。无论是吸气动作，还是呼气动作，均要缓慢进行。

深呼吸催眠法

深呼吸催眠法，就是通过深呼吸来达到催眠效果的一种方法。这种催眠法延长了呼吸的时间，可使人的身心得到彻底放松，同时，还可调节中枢神经系统，使心率减慢，烦躁、焦虑或忧愁的心情逐渐趋于平静，因而能使人尽快安然入睡。

（1）失眠者全身要自我放松，心中不要有杂念，全身心投入，平躺在床上，双手放在身体两侧，闭目。

（2）呼吸时要闭口，用鼻。吸气时要细、要沉，吸足气后再呼气，呼气时要缓慢，呼出后再吸气，如此循环往复。

（3）掌握好深呼吸的时间，一般宜在15分钟左右，以轻松入睡为度。持之以恒，可显著提高睡眠质量。

不管采用哪种呼吸疗法，都应注意以下几点：保持卧室空气清新，睡前要开窗换气10分钟左右，否则污浊的空气侵入人体，不但起不到催眠作用，反而对人体造成伤害。有严重呼吸疾病患者或身体虚弱者不宜用此方法；要注意卧室四周环境，以防光线、噪声影响疗效，使人难以入睡。

听息法让你平安入眠

疲惫的现代生活让人们每天都消耗着大量的元气，与此同时，人们在安静下来的时候，脑子中还会经常想这想那，以至于自己虽然身心疲惫，但还是无法入眠。

这时大家可以试试一种简单的冥想方法——听息法。所谓听息法，就是听自己呼吸之气。开始时，只用耳根，不用意识，不是以这个念头代替那个念头，更不是专心死守鼻窍或肺窍（两乳间的膻中穴），也不是听鼻中有什么声音，而只要感觉到自己的一呼一吸就算对了。至于呼吸的快慢、粗细、深浅等，皆任其自然变化，不用意识去支配它。这样听息听到后来，神气合一，杂念全无，连呼吸也忘了，渐渐入睡，这才是神经得以静养和神经衰弱恢复到健康过程中最有效的时候。趁这个机会熟睡一番，切不可勉强提起精神和睡意相抵抗，这对健康有损无益。

睡醒之后，可以从头再做听息法，则又可安然入睡。如果是在白天睡了几次，不想再睡了，则不妨起来到外面稍作活动，或到树木多、空气新鲜的地方站着做几分钟吐纳（深呼吸），也可做柔软体操或打太极拳，但要适可而止，勿使身体过劳。然后，回到房内或坐或卧，仍旧做听息，还可能入于熟睡的境界。即使有时听息一时不能入睡，只要坚持听息就对全身和神经有益处。

5式瑜伽，让你今夜好入眠

瑜伽是运动冥想的一种形式，练习瑜伽可以有效地缓解压力、调节情绪强健身体，对治疗失眠很有帮助。下面介绍5种简单易练的瑜伽姿势供人们日常练习，希望对您有所帮助。

增延脊柱伸展式

作用：增强人体的弹性，滋养、加强脊柱神经，强壮双肾、肝脏和脾脏，改善头、面部和心脏的血液循环。

动作：站立，双膝保持伸直；呼气，身体向前弯曲，先把两手手指放在两脚旁，再将手掌心贴地，尽量抬头，伸展脊柱。两次深呼吸后，再呼气，进一步放低躯体让头部靠向小腿，保持20～30秒。吸气，抬头，双手先不离地，深呼吸两次，直起上身。重复2～3次。

双腿背部伸展式

作用：伸展强壮背部、腿部，增加脊椎弹性，滋养和强壮内脏器官，调节脑下垂体。

动作：挺身坐直，两腿前伸并拢。吸气，两臂向上伸展，举过头顶，身体略后倾。呼气，从下背部开始向前弯身，两手抓住小腿或两脚，两肘向外向下弯，保持10～15秒，还原放松。重复3～4次。

眼镜蛇式

作用：伸展脊椎，消除背部与颈部的僵硬和紧张，促进血液循环，强壮神经系统，腺体活动得到平衡。

动作：俯卧，两手放在身旁，前额贴地。吸气，眼睛向上翻，头部后翘，用背部肌肉的作用一节一节地抬起脊椎，直到不能再抬的时候，用手臂慢慢推，让背部继续上升（腹部尽可能贴地），当达到最大限度时，放松身体，保持 10～15 秒，然后还原放松。重复 2～3 次。

蝗虫式

作用：增加对脊柱区域的血液供养，滋养脊柱神经，增强下背部与腰部范围的肌肉群及韧带；改善失眠、哮喘、支气管和肾功能失调等问题。

动作：俯卧，两臂放在体侧，掌心向上。呼气，双手握拳，同时抬起头、胸膛、双臂、双腿，升离地面，双手、双臂、双腿、肋骨高出地面，腹部贴地，保持 10～15 秒。重复 2～3 次。

犁式

作用：对整个脊椎神经网络极为有益，使整个身体都得以伸展，有助于消除腰、髋、腿部脂肪，滋润面部，按摩内脏器官，改善新陈代谢。

动作：仰卧，两臂放在体侧，掌心向下。吸气，慢慢升起双腿，垂直于地面。呼气，卷起腹肌将两腿落在头顶上方的地面，保持 10～15 秒。重复 2～3 次。

晚上临睡前，练习以上姿势之后（练习时不要过度拉伸，特别是初学的人，妇女在月经期不要练习犁式），躺在床上做仰卧放松功，然后自然而然地进入梦乡。如果您还是不能入睡，干脆在被子里将蝗虫功再做几次，让自己身体疲惫后，再入睡。

瑜伽参禅式释放杂念，安心入睡

这个冥想练习适合在睡前做。它能去除你心中的杂念，保证你的良好睡眠。

在做冥想练习的时候，先准备几个枕头。枕头的高度要达到你坐着的时候齐胸或齐腰高，以便能够到。你坐在码好的枕头的后面。

冥想时的正确坐姿是：双腿交叉。将一只脚压在另一只上，使两个踝骨连成一条线。双臂向后，手掌朝外，右手轻轻地握住左手腕。深呼吸，呼气时慢慢地开始向膝部弯腰，将前额顶在枕头上（如弯腰时有不适感觉，就再放几个枕头）。这是心灵归于平静的象征姿势能把所有杂念都向枕头释放出去。

每次身体伸直、前倾算是一组动作，在做这组动作时，都要保证呼吸的均匀和绵长。冥想者可以根据自己的实际情况，选择要练习几组。当你通过这个冥想练习达到了释放心头杂念的目的，你也就能很快安心入眠了。

3种治疗失眠的简单冥想练习

心理因素是导致失眠的重要原因，只要失眠患者能够运用冥想治疗法来进行自我调节，就能够逐渐地摆脱失眠的困扰。以下是3种简单的治疗失眠的冥想练习。

松笑导眠法

平卧静心，面带微笑，行6次深而慢的呼吸后，转为自然呼吸，每当吸气时，依次意守（注意力集中）头顶——前额——眼皮——嘴唇——颈部——两肩——胸背——腰腹——臀和双腿——双膝和小腿——双脚，并于每一呼气时，默念"松"，且体会意守部位散松的感觉，待全身放松后，就会自然入睡，必要时可重复 2 ～ 3 次。

逆向导眠法

对思维杂乱无法入睡的失眠者，可采取逆向导眠法。就寝后，不是去准备入睡，而是舒坦地躺着，想一些曾经历过的愉快事件，并沉浸在幸福情景之中。若是因杂念难以入眠时，不但不去控制杂念，反而接着杂念去续编故事，而故事情节应使自己感到身心愉快，故事的篇幅编得越长越久远越好。这些有意的回想与编故事既可消除患者对失眠的恐惧，也可因大脑皮层正常的兴奋疲劳而转入保护性抑制状态，促进自然入眠。

紧松摇头法

仰卧床上后，先行双上肢收缩用劲，持续 10 秒后放松，体会放松感觉，重复 3 次后，同法依次做下肢、头、面部和全身的紧张后放松训练。待彻底放松后，微闭双眼，将头部以正位向左右摇摆，摆身幅度为 5 ～ 10 度，摆速为 1 ～ 2 秒一次，一边摆一边体会整个身体越来越松散深沉之感觉，摇摆的幅度和速度也渐小，这样的自我摇摆仿佛婴儿睡在晃动的摇篮中，睡意很快就会来临。

以上几种冥想方法，对于纠正失眠，改善睡眠，确有很好的疗效，失眠患者不妨一试，尤其是由心理因素所致的失眠，采用以上方法加以调节，其疗效会更加显著。

舒眠减压的"葵花点穴手"

看过《武林外传》的朋友，一定对白展堂的招牌动作"葵花点穴手"不陌生吧？每当白展堂歇斯底里地喊出："葵花点穴手！啪啪！"的时候，我们一颗紧张焦虑的心才能慢慢恢复平静。面对健康杀手——失眠，我们也有一套专门对付它的"葵花点穴手"，下面咱们就一起来看一下。

这种方法是一种按摩与冥想的结合，在完成动作过程中，应专注于自身，仔细体察自己的身体反应。该手法简便易学，失眠症患者经常运用，可有效缓解失眠带来的痛苦与烦恼。

（1）坐在床上，全身放松，双手握拳。拇指关节沿脊柱旁两横指处，由上而下慢慢推按，可放松身体。

（2）用右手中间三指摩擦左足心，然后用左手中间三指摩擦右足心，可消除疲劳。

（3）用手掌根部轻轻拍击头顶，可舒缓情绪。

（4）脱去衣服，仰卧于床上，闭上双眼，用中指轻轻揉按眉心约2分钟，可镇静安神。

（5）用双手食指、中指轻轻揉按眉毛内侧靠近鼻梁凹陷处的攒竹穴（两眉毛内侧端，目内眦角直上处）1分钟，可清肝明目。

（6）用两手食指侧面，反复从两眉内侧推向外侧眉梢约半分钟，可安神催眠。

（7）用两手中指轻轻揉按太阳穴（外眼角向后约1寸处的凹陷中）约1分钟，可镇静安神。

（8）用双手食指、中指、无名指、小指分别沿两侧耳朵上方，来回按摩约半分钟，可很快镇静。

（9）两手中指轻轻揉按脑后颈部枕骨下的风池穴（在枕骨隆凸直下凹陷处与乳突间）2分钟，可镇静助眠。

（10）两手叠放在腹部，用拇指根部的大鱼际（拇指根部的隆起部分）轻轻揉按上腹部，可治疗失眠。

（11）两手移至下腹部，用手掌大鱼际徐徐揉按丹田（肚脐下3～5厘米），可镇静安神。

按摩治疗失眠是一种比较实用的自然疗法。它的成本低，实用性强，且无任何副作用，而且简便易学，患者自己就可以通过自我按摩将失眠治愈。按摩的作用就是通过一定的手法，刺激人体的某些穴位或部位，经过经络传递到其连属的脏腑，起到激发经气、调节脏腑、疏通气血、平衡阴阳的作用。

做做催眠操，今夜不愁眠

长期被失眠困扰的朋友可以好好学一学。

（1）浴面操。选择安静清洁的环境，平心静坐，闭目，双掌置于鼻两侧，从下巴颏儿向上搓面部至前发际，再自上而下搓面部50～60次。揉搓力度不宜过大。

（2）眼操。保持静坐姿势，身心放松，闭目，用右手拇、食二指分别轻按右眼，先按顺时针方向揉按30次，再按逆时针方向揉按30次。然后以相同方法按左眼。手法宜轻柔，力度不宜过大。

（3）躯干摆动。做这个动作之前，首先要使身心放松，否则很容易受伤。其次，两脚分开站立，稍宽于肩，双手叉腰，上身向左右各摆动30次。

（4）肩臂绕环。身心放松，保持站立姿势，双手放于肩上，两肘由前向上、向后、向下绕环30次，再反方向绕环30次。动作幅度、速度宜适当，不能太快，以免引起神经紧张和兴奋；也不能太慢，不然达不到治疗的效果。

（5）深呼吸下蹲。身心放松，双脚稍微分开站立，吸足气后，屈膝下蹲，同时慢慢呼气，头随下蹲而垂于两膝间，双手放于两腿外侧，然后逐渐站起并吸气，还原为站立姿势。反复做12次，动作要缓慢，呼吸要深长。

（6）拍打身体。身体保持站立的姿势，双脚稍微分开，然后再用双掌轻轻拍打全身肌肉，顺序是胸——背——腹——腰——臀——上肢——下肢，要求是从上向下拍打全身。动作力度宜适中，切忌用力过猛，每个部位拍打12次。

睡前催眠操每晚练习1次，10次为1个疗程。一般情况下，1～2个疗程即可发挥疗效。

神奇的45度倒立

倒立45度是一个非常简单有效的冥想方法。"45度倒立"的冥想练习和飞行员日常训练中的"人体倒立，45度侧立"非常相似，这一项目能够有效缓解脑部供血不足，解决失眠问题。

45度倒立的具体方法是：仰卧，头部、双肩及上臂着地，双手支撑起臀部和躯干，伸展双腿，使躯干和双腿在一条线上，和地面呈45度角。还有一种简便方法，现在小区都设有健身器材，其中有种专门用于仰卧起坐的，可以头向下躺在上面。地球引力会使人体骨骼、内脏和血液循环系统的负担加重，导致脑供血不足等。而变换体位，头向下、脚向上，呈45度角倒立时，人体关节、脏器所承受的压力减小，肌肉和骨骼得到松弛，就能缓解腰背酸痛和关节疾病。同时，这种姿势增加了大脑血液供应，可有效消除用脑过度引起的疲劳和头晕、头痛。

当然，45度倒立因人而异，以从少到多，感觉舒适为原则。从每天倒立两次，每次不超过半分钟为基础，如果第二天没有不适，可适当延长时间。也不必拘泥于角度，45度、60度、70度均可，不过90度比较有难度，体弱者别尝试。

另外，除了"倒立"，也可以站着弯腰低头，双手尽量向下触地，时间和频率也是从少到多，以感觉舒适为前提。患有高血压、血管硬化和心脏病的人要慎做此类动作。

美妙音乐助你踏上舒眠快车

音乐对人体生理功能有明显的影响，音乐的节奏、模式和旋律可明显地影响人的心率、呼吸、血压。随着音乐的频率变化，作用于大脑皮层，会对丘脑下部、边缘系统产生效应，调节激素分泌，促进血液循环，调整胃肠蠕动，促进新陈代谢，改变人的情绪体验和身体机能状态，进而使人们的睡眠得以改善。

临床实践亦证明，让神经衰弱、失眠或患有其他睡眠障碍的人，常听一些舒缓的民乐、轻音乐等，通过音乐的节奏、旋律、音色、速度、力度，可使其情绪平稳、放松，起到镇静、安眠，改善睡眠质量的作用。

运用音乐疗法改善睡眠，最好选择在晚上睡前 2 ～ 3 小时进行，采取舒服的卧位，根据个人爱好、失眠类型等选择乐曲种类；音量以舒适为度，掌握在 70 分贝以下；时间不要过长，以 30 ～ 60 分钟为宜；不宜单一用一曲，以免生厌；听音乐时应全身投入，从音乐中寻求感受，并且还可以随乐曲自我哼唱。

已经被国内外实践证明具有催眠效果的曲目主要有《梅花三弄》《良宵》《高山流水》《小城故事》《天涯歌女》《太湖美》《意大利女郎》《游览曲》《平湖秋月》《春江花月夜》《二泉映月》《雨打芭蕉》《春风得意》等。

适宜的环境对疗效有着重要的影响，运用音乐催眠时，要创造一个冷色、安静的环境，尽可能排除一切干扰因素，以保证音乐催眠的顺利进行。

在芳草气息中安然入眠

精油具有良好的镇定、安抚、放松的作用，微小的精油分子直接作用于中枢神经，可以帮你释放压力、转换情绪、放松肌肉、降低脑活动。在适当的冥想练习后，运用精油作为帮助睡眠的辅助手段，二者相得益彰，能够让你更轻松地进入梦乡。

适用精油

薰衣草、葡萄柚、洋甘菊、甜橙、佛手柑、薄荷、橙花、檀香、依兰依兰、快乐鼠尾草、天竺葵、香蜂草、花梨木、马郁兰。

魔法配方

熏香配方：任选适用的精油单独或混合熏香。

沐浴配方：薰衣草精油4滴＋佛手柑精油2滴＋依兰依兰精油2滴。

按摩配方：薰衣草精油12滴＋佛手柑精油7滴＋依兰依兰精油6滴＋荷荷巴油50毫升。

使用方法

吸嗅：直接将纯精油滴在枕头上或是枕巾上，也可以将精油滴在化妆棉或卫生纸上，将之置于枕头套的四个角落中。当你躺下时如同置身于盛开的薰衣草花园中，心情开朗，情绪放松。

熏香：在熏香灯里滴入 3 ～ 4 滴薰衣草或马郁兰精油，芳香的气息飘散于室内，能使心情平静、安然入梦。

沐浴：将调制好的沐浴精油 6 ～ 8 滴滴入浴缸热水中，泡上 20 ～ 30 分钟，能让身心彻底放松，帮助睡眠。

按摩：清洁身体，用按摩油按摩全身，能迅速让肌肉得到放松，心情宁静。

使用须知

(1) 控制使用剂量，过量使用不仅不能改善睡眠，还可能引起兴奋。

（2）使用精油熏香时，要注意室内通风。

进行自我催眠冥想

现在介绍一个最常用的有助入眠的自我催眠法。

诱导

诱导实际上相当于一种放松入静过程。可以选择一个静悄无声、灯光昏暗柔和的房间，端坐在椅子上，双手平放于膝，选一件与眼睛水平或略高的物件（或墙上的某一点），安静而平稳地凝视着它。做深吸气，尽量屏住气，并使全身肌肉绷紧，特别是双手应用力，然后缓慢将气呼出，并逐渐放松全身肌肉，如此重复做几次。从300慢慢往回数，如果中途忘了，可以从头再开始，或从任意一个数开始往回数。在数数的同时，意念双脚肌肉放松，直到双脚柔软松弛几乎无知觉，然后由脚开始向上放松踝关节、小腿、大腿、臀部、腹部、胸部、双手、前臂、肘部、肩部、颈部、面部，此时上睑尽量下垂，渐渐闭合，头部也可轻缓地前倾、下垂。

加深

加深，即是在诱导放松的过程中进一步入静。这时，可以在脑海中重复回忆某句话或某物，或者，想象着某种可以使自己大脑平静下来的场面。比如，可以想象着自己处在一个充满人群和商店的大厅中，随即踏上升降梯，飘飘然来到另一个四周安静无人、光线柔和的地方，仿佛这里除了自己以外再无别人。在这里，身体一会儿飘浮，一会儿下沉，直到达到理想的深度。或者，想象自己淋浴在毛毛细雨之中，雨珠轻轻地从自己头上往下淋，身体逐渐飘浮起来，若有若无，好似进入美妙的仙境。

指令

指令，也就是为达到某一目的而不断地重复某一字句，或者，告诫自己平时意欲去做而又难以做到的事。比如，你想减肥，想使自己达到理想的体形和体重，这时，你可以想象自己站在一面大镜子前，在镜子里，可以见到自己焕然一新的、十分理想的形象，您不断地告诫自己："如果我达到了那种理想的体重，会显得更精神、更美丽。一旦我体内的营养够了之后，我就不会再有饥饿感，不再多吃东西了。这样，我就会保持美好的体形和充沛的精力……"又如，每天做两次自我催眠术，在放松入静时给自己留下这样的指令："我置身于一个宁静、舒适、优雅的环境中，一切烦恼忧愁都不会到这儿来打扰我，我将美美地睡上一觉，睡得那么香甜，待我醒来时，一切疲劳和痛苦都会消失。从此，我再也不会受失眠或梦中惊恐的困扰了。"

以上几个步骤，在一开始的练习中，效果也许不太理想，但只要耐心坚持，几次练习之后，便可以达到预期的效果。

接地通道式平衡内心

选择你喜欢的冥想姿势。闭上眼睛，舌头顶住上颚。双手张开放松，放于膝上。观察你的呼吸，让身体随着每一次的呼吸节奏变得越来越沉稳、平和、温暖。

把注意力集中于尾椎骨，感觉呼吸就像一池水一样聚集于脊柱底部。在头脑中想象你最喜欢的树的形象。想象树的枝干和叶子温柔地缠绕在你的尾椎骨，你似乎也是树的一部分。把自己想象成一个小孩，你爬上树干，躺在粗大的枝干上，你的呼吸流入树干中、流入树叶中。想象树干是空的，树干在土壤和岩石中穿梭，一直延伸到地心，你的呼吸也随着中空的树干流入到地心，感受着地心的灼热温度。你感受到身体越来越沉，并且仍然不断地被地心引力吸引着。这根空的树干就是你与地相连的通道。与地相连起到的是吸尘器的作用，帮助你把不需要的感觉、感情或想法排出体内。

再次把注意力集中到你的身体。进行一次"精神清理"，搜索你想要排除的痛苦、焦虑或是恐惧，把这些负面情绪想象成烟气，让它们顺着中空的树干排出你的体内，就像是洗澡水从浴缸里排出一样。如果进行一遍"精神清理"后，你仍然感觉到身体中有负面能量，你可以重复进行几次这样的"精神清理"，直到你觉得自己的精神已经得到彻底的净化。

每当你把体内的负面能量排出后，你需要补充新能量。想象你头顶20～30厘米的地方有一道明亮的金色阳光。把这道金色阳光吸进你的体内，引导它补充到你排出能量的地方，当你觉得你已经吸收了足够多的金色能量后，进行几次深呼吸，然后轻轻睁开眼睛。结束冥想。当你把体内的负面情绪通过接地通道排除出内心后，你就能安心入睡了。

7. 冥想是一种最方便、最有效的美容方式

身体是你的幸福之本

在这个世界上，身体是智慧的永恒伴侣，整个生命机器的状况好坏都取决于它。健康的身体是幸福之本。我们的身体都只有一个，那么善待我们的身体，才是对自己和他人最负责的态度。善待身体，就要抱有一种感激的态度来面对它。

善待身体就要主动为身体负责，为它的健康、疾病以及呈现的状况负责；就是把身体当成上天馈赠的礼物，而不是花钱就可以维护和升级的电脑。慎重、珍视和爱惜是一种品质。它（身体）首先是藏品，而不仅仅是使用品，需要我们小心翼翼地对待、敬畏、了解和与其对话。在今天，又有多少人能以对待艺术品的态度与自己的身体对话呢？身体的的确确是艺术品，有它自己的智慧，这智慧是超越我们的头脑的。和身体对话，聆听它的声音，就会获悉有关的信息。身体会告诉我们该如何做，如何才能获得健康。相反的做法则是，以头脑的偏见为依据，自以为是和随心所欲地支配和使用身体。说到底，可供使用只是身体比较粗俗的功能，它极为深湛可观的奥秘是指向生命本身的。在这里，身体与心灵结合起来，身心成为一体。在追寻幸福的路上，我们要对拥有如此神奇而偶然的身体心存感激。

健康的身体是人生的第一幸福。健全的灵魂寓于健全的身体，不论多么出众的才能和力量，一旦失去了健康的身体，人生就将化为乌有。冥想最重要的效应就是带给你一个健康的身体。就让冥想为我们的身体保驾护航吧！

在运动时运用冥想

在人们的意识里，冥想似乎是一个安静的词，同时也是一件安静的事。其实，冥想有各种不同的形式，不是只能保持一个坐姿闭上眼睛想象，即使在运动中我们也可以运用冥想。

运动中的冥想可以帮助我们提高自己运动技能，更好地达到锻炼身体的目的。不管你正在进行什么样的运动，都可以在其中运用冥想，当然也可以在运动结束以后，利用放松的时间冥想。

假如你正在跑步机上跑步，你可以让自己的精神放轻松然后进入冥想，想象自己正跑在一片一望无际的草原上，蓝天下你跑得像羚羊一样轻快、自由。想象你每一步都跳得很高、跨度很大，你跑得几乎要飞起来了。你还可以想象自己正在跑道上竞赛，你超越了所有人第一个冲到了重点，你听到了周围的欢呼，你觉得自己是最棒的。假如你刚刚经历了一场酣畅淋漓的运动，现在放松下来，想象你经过这次运动变得身体更强壮、体形更优美、跑得更快、跳得更高，总之就是给自己肯定。如果在运动中冥想时配上你的肯定陈述，效果会更好，也会让你更加享受运动带来的体验。

而假如你做的是瑜伽或普拉提这类的静力性健身运动，锻炼时你要把意念放在身体的柔软度和肌肉的塑造上，你要想象它们正在被拉伸和强化，你感觉自己的身体变得非常柔软，每块肌肉在变得很放松。

你可以选择你喜欢的任意运动项目做冥想练习，想象你对这个项目的技能掌握得越来越熟练，想象你胜过了所有人，你是这个运动的王者。经常进行这样的运动冥想你会发现你的身体不仅得到了锻炼，你的运动技能也的确越来越好。

利用冥想把每天的例行事务变成美丽的仪式

我们要学会对自己好一点，生活中要定期地为自己做一些有益的事情，让自己和身体时常享受被呵护被照顾的感觉，运用冥想可以把每天的例行事务变成美容仪式或健康疗法。

比如，你每天洗澡的时候，可以想象热水让你感到彻底的放松，所有的疲惫都被溶解在水里了，水从你身体流过，让你变得干净、自然，从内到外变得焕然一新。你在往脸上和身上涂润肤液的时候，想象你的皮肤正在变得越来越白皙、光滑、紧致，你也变得更美丽。或者洗头发的时候，将注意力刚在你的手指上，你坚信经过你的手，你的头发会变得越来越有光泽、浓密、健康。刷牙的时候，想象随着你的动作，你的牙齿一定会更牢固、更亮白。当然，还有运动冥想练习时，肯定自己经过锻炼会变得健康、强壮。餐后告诉自己吸收了丰富的营养，自己的身体也变得健康有力量，等等。你可以在任何活动里这样做，多给自己一些爱、一些关心，让每一件事都成为美化自己的仪式。

饮食仪式中的冥想

古人讲"民以食为天"，说明吃东西是一件很重要甚至可以说是神圣的事情。因为通过吃东西我们把宇宙中自然存在的能量转化成我们身体里的能量，用在冥想的练习中，那就是一个能量转化的仪式。

在这里，我们介绍两种饮食仪式，你在吃任何东西的时候都可以用来做冥想练习。

当食物摆上桌以后，坐下来闭上眼睛，做一会儿深呼吸，让身体放松下来。在这期间你要在心里默默地感谢宇宙，感谢与这份食物有关的所有生灵，人类、动物、植物以及阳光雨露。然后睁开眼睛，看着食物，看它的形状、颜色，闻一闻它的香味，想象一下它的味道。食用的时候不要狼吞虎咽，要慢慢地品味，享受它的滋味。食用的同时在心里告诉自己，这份食物所蕴含的能量正在进入你的身体，并且正在被你的身体转化成它健康生长所需要的生命能量。不需要担心一些多余或不好的能量流入，因为你的身体可以自由选择它的所需。你要想象这份食物会让自己更加健康、强壮、美丽、精神。即使你并不喜欢吃这份食物，也要完成这个练习过程。

需要注意的是，进食的过程一定要缓慢，不一定要吃得非常饱，只要你觉得足够了就停下来，享受一下胃因为满足而散发出的温暖，然后回味整个进食过程。你要相信，只要你坚持每天进行这种饮食仪式，你就会越来越健康美丽。

下面这个仪式更加简单。

水也是一种食物，我们在喝水的时候也可以进行冥想练习。每天晚上睡觉前，或早晨起床后，甚至可以是一天当中的任意时间，给自己倒杯冷水。喝水的时候告诉自己，这水是宇宙中最纯净的生命之泉，想象它正在清洁你的身体，洗掉疾病和污物，带给你能量、健康和美丽。

你还可以在进食的时候对自己说一些与之相关的肯定语句，比如："我吃的每样食物都会使我更健康、更美丽、更年轻。""身体正在吸收能量，我会变得更精神、更有魅力。""疾病正在远离我。""我正在做对身体有益的事，我愿意继续做下去。"

养生冥想妙法：五禽戏

五禽戏是神医华佗模仿虎、鹿、熊、猿、鹤的姿态而发明的一套健身功法。

就五禽戏本身来说，它并不是一套简单的体操，而是一套高级的保健气功，一种运动冥想形式。华佗把肢体的运动和呼吸吐纳有机地结合到了一起，通过气功导引使体内逆乱的气血恢复正常状态，以促进健康。后代的太极、形意、八卦等健身术都与此有若干渊源。无疑，它在运动养生方面的历史作用是巨大的。

五禽戏的内容主要包括虎戏、鹿戏、熊戏、猿戏、鸟戏。

虎戏：自然站式，俯身，两手按地，用力使身躯前耸并配合吸气。当前耸至极后稍停，然后身躯后缩并呼气，如此3次。继而两手先左后右向前挪动，同时两脚向后退移，以极力拉伸腰身，接着抬头面朝天，再低头向前平视。最后，如虎行般以四肢前爬7步，后退7步。

鹿戏：接上四肢着地势，吸气，头颈向左转，双目向右侧后视，当左转至极后稍停，呼气，头颈回转，当转至朝地时再吸气，并继续向右转，一如前法。如此左转 3 次，右转 2 次，最后回复如起势。然后，抬左腿向后挺伸，稍停后放下左腿，抬右腿如法挺伸。如此左腿后伸 3 次，右腿 2 次。

熊戏：仰卧式，两腿屈膝拱起，两脚离床面，两手抱膝下，头颈用力向上，使肩背离开床面，略停，先以左肩侧滚落床面，当左肩一触床面立即头颈用力向上，肩离床面，略停后再以右肩侧滚落，复起。如此左右交替各 7 次，然后起身，两脚着床面成蹲式，两手分按同侧脚旁，接着如熊行走般，抬左脚和右手掌离床面。当左脚、右手掌回落后即抬起右脚和左手掌。如此左右交替，身躯亦随之左右摆动，片刻而止。

猿戏：择一牢固横竿，略高于自身，站立手指可触及高度，如猿攀物般以双手抓握横竿，使两脚悬空，做引体向上 7 次。接着先以左脚背勾住横竿，放下两手，头、身随之向下倒悬，略停后换右脚如法勾竿倒悬，如此左右交替各 7 次。

鸟戏：自然站式。吸气时跷起左腿，两臂侧平举，扬起眉毛，鼓足气力，如鸟展翅欲飞状。呼气时，左腿回落地面，两臂回落腿侧。接着跷右腿如法操作。如此左右交替各 7 次，然后坐下。屈右腿，两手抱膝下，拉腿、膝近胸，稍停后两手换抱左膝下如法操作，如此左右交替各 7 次。最后，两臂如鸟理翅般伸缩各 7 次。

每天按按腋窝，就能减缓衰老

按捏腋窝可使人舒筋活络、调和气血、延缓衰老。

首先，可大大增加心肺活量，使全身血液回流畅通，高效促使呼吸系统进行气体交换。

其次，可使体内代谢物中的尿酸、尿素、无机盐及多余水分能顺利排出，增强泌尿功能，并能使生殖器官和生殖细胞更健康。

最后，可使眼耳鼻舌和皮肤感官器官在接受外界刺激时更加灵敏。

夫妻间每日早晚各按摩 1 次，每次 1 ~ 3 分钟，不仅可帮助消化、健脾开胃、增加食欲，还能防治阳痿阴冷。

按捏腋窝简单易行，自我按捏时，左右臂交叉于胸前，左手按右腋窝，右手按左腋窝，运用腕力，带动中、食、无名指有节律地轻轻捏拿腋下肌肉 3 ~ 5 分钟，早晚各 1 次，切忌用力过分。

神奇的冥想减肥法

最近的一项研究表明，冥想有助于减轻精神压力，还能有效减肥。我们在平时的生活中，就可以通过几个冥想的小练习，控制身体的"横向"发展。

想象你减肥后的样子，在头脑里描述出你理想的体形，但是不要想得过于完美，你要根据自己的身体情况想象适合自己的样子，这样也会让你在练习中充满自信。先设定一个比较简单的目标，比如，减掉 3 千克或者瘦大腿，容易实现的目标可以减少失败，增强你的信心。如果你是后来才胖起来的，那么，就可以把你以前的照片贴在镜子上，让你每天可以看到，时刻激励你向目标靠近。

另外，无论你是坐在办公室工作，还是坐在沙发上看电视，甚至是正在开车，都可以通过以下练习保持你腹部的平坦和紧绷。那就是收紧腹部，把你的意念放到腹部的肌肉上，保持收腹的姿势 15 ~ 30 秒，这期间呼吸正常，然后放松，接着再收腹，如此重复 5 ~ 10 次。

其实，减肥的根本就是减掉你身体内多余的热量。只有当摄入热量小于燃烧热量时，减肥才开始产生效果，所以不管是从哪里来的热量，只要能把它们消灭掉就是胜利。这方面可以通过运动锻炼来达到目的，它不仅可以帮助你减肥还可以让你的身体更健康更强壮。所以，你要从内心里热爱锻炼。试想当健腹器把你的小肚子减下去以后，你会放弃使用健腹器吗？其实，健腹的过程就是收益，而平坦的腹部是其中的副产品，只有这样想，才会对健身永远充满激情，才能让你坚持下来并最终受益。

心怀美丽信念做抗皱冥想

具体步骤如下：

平躺或者坐定后，进行几次深呼吸，让身体放松。

将两手的食、中指并拢，以指腹按于两眉之间，手指向上推摩至发际，重复进行1次，然后再用两手的食、中指按于额部中央，向两边进行小圆圈形的旋转按摩，当按摩至太阳穴时轻轻按压一下，再还原至额部中央。往返一遍为1次，共做10次。

用两手的中指对攒竹穴进行1次按揉，再用两手的食指按丝竹空穴，中指按瞳子髎穴，闭上眼睛，同时按揉两穴10次，仍旧按住这两个穴位，向外上方轻推，直至眼睛倾斜，随后放松，作为1次，重复进行10次；将食指屈曲如弓状，以食指桡侧缘轮刮上、下眼眶各10次。

将两手的中指按于听宫穴，食指按于翳风穴，同时按揉两穴10次；再按揉两侧的颊车穴10次；然后，以两手掌由下而上对面部进行圆形按摩，犹如洗脸状，共进行10次。

用两手的食、中指沿着鼻梁以及两侧，由上而下进行小圆形的按摩，每线路各做5次。将两唇紧闭成一条直线，用两手的食、中指分别从上、下唇中点向左右分抹至嘴角，上、下各进行10次，然后再在嘴唇周围进行小圆形旋转按揉5次。

将两手的食、中指并拢，按于下颌的尖部，向两边斜上方分抹10次。

将口微闭，头向后仰，把两手的四指并拢，按于对侧颈侧方，从下而上至耳后部做圆形按摩10次，两侧交替进行。

最后，再将两手的四指并拢，以指腹按照额部、眼周、鼻旁、面部的顺序，依次拍打整个面部和颈部皮肤2～3分钟，以皮肤出现微红为佳。

注意：在做以上一系列动作的时候，一定要保持专注，并且心怀美丽的信念。这个冥想可以在每天晚上洗漱完毕之后进行，长期坚持，你会发现它的作用强过任何抗皱产品。

美腿冥想，让你拥有更多阳光和自信

在进行美腿冥想之前，我们要先熟悉腿上的重要穴位，这些穴位就是调节腿形的最佳组合，堪称是美腿的黄金搭档。

足三里穴

取穴：膝盖外侧的凹陷处，往下3寸，大约四指并拢的宽度，靠近小腿骨外侧的凹陷处，即为足三里。足三里是人体非常重要的穴位，也是美容保健的大穴，通过按摩这个穴位可以促进循环、消除赘肉。

按压方法：缓缓地吐气，同时以手指指腹或是指节用力按压这个穴道约6秒，然后松开，重复做20次。

承山穴

取穴：踮起脚尖，可以发现小腿肚处有一块肌肉隆起，在肌肉正下方的凹陷处即是承山穴。按摩这个穴位可以消除水肿，排除体内的废物、美化腿部的曲线。

按压方法：用拇指进行点按，持续按压穴位5秒，按压时配合吐气，慢慢放松，配合吸气，休息 2～5 秒，再重复进行按压，反复做 10 次。

昆仑穴

取穴：脚踝外侧的后方，外踝尖与跟腱之间的凹陷处便是昆仑穴。昆仑穴能够改善腿部肿胀，促进血液循环，美化腿部线条。

按压方法：先将肌肉放松，一边缓缓吐气一边强压 6 秒，反复做 10 次。

解溪穴

取穴：解溪穴位于足背关节横纹的中间点，两筋间的凹陷处。解溪穴对加速腿部血液循环，纤细脚踝具有非常好的作用。

按压方法：用拇指指腹向下进行按压，一面吐气一面用力，10 秒后放手，停 5 秒，然后继续做 10 次。

在进行美腿冥想之前，你可将双脚在加了浴盐的热水中浸泡 10 分钟，这样可以起到松弛腿部肌肉、加速循环的作用，为接下来的按摩做好准备。

按摩时，以小腿的正后方为中线，从膝盖的正后方开始，逐渐往下按摩。持续按摩到小腿肚最宽处，再往下至小腿肚下方的承山穴。再从脚踝向膝盖方向按摩，直到腿部肌肤发热。这样效果会达到最佳。

如果大腿上的赘肉比较多的话，就可以先按摩三阴交，消除腿部水肿；其次按摩承山防止腿部积存废物，使腿部线条柔美；然后按摩髀关，消除大腿内侧的赘肉，亦能调理胃肠功能，对于腰腿疼痛也具有改善的作用；最后按摩风市，消除整个大腿肥胖，健全体内胆器官的运作，进而使胃部运作正常。只要能够坚持按摩，双腿自然会变得越来越纤瘦、修长。

瘦身养颜的甩手功

甩手功是一种非常简单的冥想练习，随时随地都可以做，就看你愿不愿意坚持。它能帮你轻松赶走亚健康，达到瘦身养颜的效果。

甩手动作相当简单，身体站直，双腿分开，与肩同宽，双脚稳稳站立，然后，两臂以相同的方向前后摇甩，向后甩的时候要用点儿力气，诀窍就是用三分力量向前甩，用七分力量向后甩。练功时，要轻松自然，速度不要过快，刚开始可以练得少一些，然后慢慢增加次数，否则一下子就产生厌倦感了。

这种甩手功会牵动整个身体运动起来，从而促进血液循环，虽然做起来有些枯燥，但是，健康的身体恰恰来源于每天的坚持。需要说明的是，练甩手功一段时间后会出现流汗、打嗝及放屁等现象，对此不要觉得难为情，放屁就是通气，气通了，身体自然就轻松了。

甩手功动作并不难，难的是坚持。如果工作比较繁忙，可以在每天晚饭前的几分钟甩一甩手，工作的间隙也可以做一会儿，如果每天能坚持做 10 分钟，效果会更好。常练甩手功定能甩掉亚健康，甩出好身体，让你神清气爽、身心通透、容光焕发。

第四章

冥想：让自己回归生活本身

1. 慢生活，让我回归到生活本质

放慢灵魂的脚步

持一颗宁静的心，放慢我们匆忙的步伐，看看路边的风景。静静地欣赏落日的彩霞，斜挂树梢害羞的新月，以及漫天的星星，这时，我们的心一定不能被问题、烦恼及臆测所占据。只有在我们的心非常安静时，才能真正地观察，然后我们的心才能对美好的事物敏感。

当鸟儿安静地落在地面或者树枝休憩的时候，如果有人走近它们，它们一定会飞走。如果你走近鸟儿，它们都不飞开，而是任由你抚摩它们，那该多好啊！

你可以试着在树下非常安静地坐着，可是不要只坐几分钟，因为鸟儿不可能在这么短的时间之内习惯你的存在。你应该每天到这棵树下安静地坐着，渐渐地，你会感觉到身边的每样东西都是活的。你会感受到树木的颜色是那么富有感染力，从它们身上你能体会到生命的强健和不屈服；你会觉得小草在阳光的照耀下闪出耀眼的光，看到天空中那只美丽的风筝安然地享受微风的抚慰，看到鸟儿不停地雀跃着，它们会落到你的肩膀上，任由你温柔地抚摩。你若想享受这份喜悦，请你放慢灵魂的脚步。

慢慢喝水：慢动作冥想初尝试

喝水是我们每天都要进行的一项习以为常的动作，慢动作冥想就是要把喝水的这个习惯动作步步分解，体会这个简单行为带给你的每个细微感受。

慢慢伸出你的双手，并在心中默默地情景化自己的细微动作，感受伸出手臂时肌肉的细微变化；接着，慢慢用手握住杯子，感受手掌与杯子之间产生的奇妙触感，感受杯子的温度；慢慢把杯子拿起，在拿起杯子的时候，感受杯子的重量，感受你的手臂因为承受杯子重量而产生的轻微紧绷感；慢慢喝下一口水，感受嘴唇与杯子边沿触碰的感觉，感受嘴唇与杯中的水触碰到的那一瞬间的感觉，感受水缓缓流入口腔中的感觉；慢慢地把水咽下，感受水流经喉咙时，喉咙吞咽水的感觉，感受水通过喉咙流经身体；慢慢放下杯子，感受口腔中残留的湿润感；结束慢动作冥想。

在第一次进行慢动作冥想时，你可能无法彻底感受每一个细节，心中也许还会被杂念占据。不要太介意，如果有杂念或是觉得自己的动作不够缓慢，只需重新开始即可。经过几次练习，你就能掌握慢动作冥想这种冥想方法。当然，慢动作冥想不仅仅限于"慢慢喝水"，生活中的任何行为举动，你都可以把它分解，感受此行为举动中身体的每个细微感受。

慢慢进食：消除内心浮躁

慢餐作为一种新的饮食文化理念，也作为慢动作冥想的一种形式，对它的理解绝不能仅限于细嚼慢咽，而应更深入地探求。对此，宋爱莉教授在《爱上慢生活》一书中做了详细的阐释，她认为"慢餐"主要有三层含义。

首先，从字面来理解，慢餐就是细嚼慢咽，但慢餐不仅仅是简单的细嚼慢咽。作为一种新的饮食理念，慢餐首先注重原材料的选购。制作慢餐食品的原材料一定是绿色食品，绿色食材是慢餐饮食的第一关。

其次，是慢餐食品的烹饪手法要慢。慢餐食品的烹饪讲究更精细，全部要用手工烹制。在制作上，要求把食品的口味放在第一位，而不是赶时间。习惯了快节奏的人们养成了不由自主赶时间的烹饪习惯，慢餐在烹饪中所要改正的就是把量放在其次，而首先把注意力放在食品的质上。

最后，就是进食速度。慢餐是一种进食速度，但慢餐不等于一吃就几个小时。有的朋友聚会喝酒，一吃就是几小时，于是觉得自己在享受一种慢餐文化。其实，这不叫慢餐，慢餐不仅仅讲究进餐之慢，更体现人的一种生活态度、生活方式。

在进食这场特殊的冥想仪式中，你可以注意观察盘子里食物的颜色和造型。提升你的感觉——意识到食物的香味，欣赏食物的味道和结构。要意识到进餐时这些感觉的结合在你嘴里停留了多久。

慢餐还是人生的美好享受，细嚼慢咽秉承了人类关注自然、追求生活质量的天性。一家人聚在一起用餐，细细品味每一道菜肴，有一种天然的宁静和温馨，更能充分享受天伦之乐。

慢慢呼吸：让呼吸深、长、匀、细

呼吸是我们每时每刻都在进行的事，人离不开呼吸，就像鱼儿离不开水，但是很少有人了解呼吸中的张弛之道。

常见的呼吸方式主要有两种：胸式呼吸和腹式呼吸。我们常做的呼吸就是胸式呼吸，但是在胸式呼吸时只有肺上半部的肺泡在工作，占全肺4/5的中下肺叶的肺泡却在"休息"。这样长年累月下去，中下肺叶得不到锻炼，易使肺叶老化，进而引发疾病，所以胸式呼吸并不利于肺部的健康。

所谓慢呼吸冥想，指的就是腹式深呼吸。腹式深呼吸可以弥补胸式呼吸的不足，是健肺的好方法。所谓腹式呼吸法是指吸气时让腹部凸起，吐气时压缩腹部使之凹入的呼吸法。常做腹式深呼吸运动，可使肌体获得充足的氧，也能满足大脑对氧的需求，使人精力充沛。腹式呼吸运动还对胃肠道有极好的调节作用，许多中老年人大腹便便，极易引起心脑血管病、糖尿病等，使健康受到损害，缩短自己的寿命。如能坚持做腹式深呼吸，既可锻炼腹肌，消除堆积在腹部的脂肪，又能防范多种代谢性疾病的发生。

一些冥想修行者认为，一呼一吸花费6.4秒，这样才是人体经气与自然界阴阳气化相应的最佳节奏。而现在的人，呼吸速度比最佳节奏要快1倍，一呼一吸只需3.33秒，原因在于社会因素的重大影响。由于社会环境的影响，人与人之间关系的复杂化，生活节奏不断加快，紧迫感日甚，导致今人的呼吸节奏比古人快1倍。

所以现代人应该尽量减慢呼吸节奏与天地同步，把注意力集中在下腹部，使腹部随着呼吸的进行隆起和收缩。呼气的时候腹部隆起到顶点，吸气时也收缩到极点，这样自然就会把呼吸放慢。起落一开始要用点力。这样的慢呼吸每天至少要做两遍，每遍60次，开始时会有点不习惯，经常练习就会变成一种很自然的呼吸方式。

慢呼吸时要做到四个字：深、长、匀、细。深，即深呼吸，就是一呼一吸都要到头；长，即时间要拉长，要放慢；匀，即要匀称，吸气呼气要均匀；细，就是要细微，不能粗猛。

慢呼吸时还要讲究："吸入一大片，呼出一条线。"吸进去的是自然环境中的清气，要吸入一大片；呼出来的是体内的浊气，要慢慢呼出，呼出一条线。另外需要注意的是，慢呼吸也要用鼻子呼吸，不能用嘴呼吸；否则就不能保证吸入的是自然界中的清气，反而会对人体造成污染和损害。

慢慢运动：让生命更慢、更长、更柔

伏尔泰说："生命在于运动。"关于运动的好处太多太多了，以至于使很多人误以为，运动得越多、强度越大，对身体就越好，身体就越健康。其实，身体的运动，特别是比较剧烈的体育运动将刺激体内细胞的新陈代谢，从某种程度上会加速死亡的进程。

以动物为例：老鼠和蓝鲸一生的心跳次数都是一亿次左右，不过老鼠很快地用两年跳完，而蓝鲸缓慢地用八十年才跳完。生态学家认为物种的体形越大，它的能量传输越慢，新陈代谢也就越慢，寿命越长。生命似乎有一种生命能量，生命的长短就在于生命体以什么样的速度使用它。

生命快慢的效果在人类身上也是很明显的。人们以气功、太极拳、瑜伽这样慢而柔软的运动冥想来养生；长寿地区或寿星都有生活节奏慢的共同点，而快节奏的生活容易令人陷入亚健康状态；职业运动员的平均寿命较短——因为他们经常有高频率的心跳。

由此我们可以得出结论：生命其实不在于"更快、更高、更强"的运动，而在于"更慢、更长、更柔"的运动。如果不是为了特别锻炼某部分肌肉，或者为了减肥，而是以强健体魄为锻炼目的，还是选择比较缓慢柔和的运动冥想来调养身心吧！

慢动作冥想的5个关键步骤

在进行慢动作冥想之前，有 5 个关键步骤需要大家注意。严格地遵守这 5 个慢动作是冥想前的关键步骤，你可以更敏锐地体会到慢动作冥想的乐趣。

第一，你需要放下你手边的一切事物，什么都不要做

慢动作冥想很重要的一点就是停止你身体的活动。每天有很多事情需要我们忙碌，在进行慢动作冥想时，你不妨先"假死"一会儿。眨眼睛、咽口水、抓鼻子、挠头发，或者你忍不住想换个姿势待着，这一切都请你尽量避免。但是，即使你在"装死"，有一件事情你必须要做，那就是呼吸。尽量把你的注意力集中在你的呼吸上，这样，能够避免你想要乱动的冲动。

"装死"是慢动作冥想的热身阶段，这一步骤主要是培养你的专注力，当你想要进行慢动作冥想时，不妨给自己的身体发送一个信号，让自己进入"装死"状态。

第二，寻找身体的感觉

我们的身体从头到脚都有各式各样的感觉，但是，我们平时很少细致地留意这些感觉。可能我们头痒了会下意识地用手去抓，但是，除非是身体有剧烈的疼痛感，我们都很少留意身体各个部位的感受。慢动作冥想的第二步，就是让自己专注于身体各个部位的感觉。

当我们体会到了身体的感觉之后，我们要做的就是对此置之不理。我们不要去回应身体的感受，感觉痛不要去揉、感觉痒不要去抓，我们的身体要始终保持丝毫不动。

第三，停止思考

在第二步中，我们都感觉到了身体的种种感觉。之所以如此，是因为我们的心是被感觉污染的。当身体上产生了感觉时，我们就会去捕捉这种感觉，然后我们的头脑会制造出与之相应的情感。随着这些情感的积累，每个人自以为是的主观世界就出现了。欲望、妒忌、烦恼、忧愁、焦虑等负面情绪都是由感觉所引起的。

人人都会有感觉，感觉本身没有善恶之分，但是，一旦我们开始对这种感觉做出判断和思考，我们的心就被污染了。所以，在这个步骤中，请大家试着停止思考，唯有如此，我们的心才能恢复到清净的状态。

第四，放慢动作行动

这个步骤的具体做法是慢慢地活动你的身体，不慌不忙地雕琢你的每一个动作，比如，慢慢地抬起手臂，慢慢地放下手臂，你能感受到每个动作都是在优雅舒缓的状态中进行的。

在做慢动作的时候，我们不要用眼睛看，只用身体感觉就可以了。另外，不要改变动作的速度。还有很重要的一点，就是在做慢动作的时候，你的头脑仍然要保持第三步时的状态：不要思考。

第五，挺直背部

挺直背部是很好的消除疲惫感和懒惰感的方法。伸直背部的正确方法如下：

背部腾空，不要靠在椅背上或墙上；将臀部牢牢固定，臀部用力；将意识转向背部，从臀部开始慢慢地将脊椎伸直，就像将折叠起来的脊梁骨一块一块地往上堆，记得要同时进行实况转播，默念"伸直、伸直、伸直、伸直、伸直"；收回力气，此时也要实况转播，默念"力气，消失、消失、消失、消失"。

像这样伸直背部的话，上半身就会处于放松的状态。

慢动作冥想，发掘一颗敏感的心

我们的头脑固然是伟大的，但是，现代人越来越多地依赖于头脑，用理智的头脑去衡量世间一切。生活中有种种条条框框限制着我们，我们的习惯和行为都变得机械，头脑习惯了忙忙碌碌的运转，即使是在没有事情可做的时候，它依旧不停地运转。当你在做游戏的时候，头脑也不会放松，你不是在用心灵享受游戏的过程，而是受头脑指示，想要一个赢的结果。正在进行的事情其过程已经不重要，头脑一心一意地只想要一个结果。也就是说，头脑在不需要专注的时候，仍然没有停下来休憩。

如果一个人只依照头脑行事，却不会用心灵感知，他怎么可能会幸福呢？如果一个人心灵敏感，即使是微小的幸福也能够被他所感知。敏感的内心和幸福是无法分离的，因为真正的幸福就是对宇宙万物敏感的喜悦状态。

现代社会中的大多数人机械而迟钝地生存着，心智就像一层厚厚的壳一样包围在鲜活的本体之上。虽然有些时候，这层外壳可以帮助我们降低受伤害的概率，可以防卫自己不被侵犯，但更多的时候，它限制了我们的发展，让我们无法了解真实的自己与真实的世界。我们对自己和外界的敏感性都大大降低，对万事万物失去了曾经最直接、最单纯的感受。已经钝化的心灵，逐渐消磨了我们对生命、对周遭、对爱的感受力。

敏感是心灵的一种典型品质。拥有敏感的心灵表示我们能捕捉到任何细微的变化，能够完全地开放自己去感受幸福。

我们在做慢动作冥想的时候，就是最敏感的时候，能感受到任何细微的变化。当我们的内心充满幸福，就会感觉到自己正臣服于万物之下，而我们依然心如止水。在这种真幸福中，我们内在所有的窗户都打开了，没有任何想要保护自己的企图，没有任何保留，也没有自己和他人之分。当我们进入到这种状态之后，我们会发现自己彻底变得坚强了，不会再受到任何伤害。

冥想时，不分析、不期许

冥想者之所以能够让心意平静，进入冥想的三摩地状态，是因为他们在冥想的时候，停止了头脑的思考。让头脑停止思考，是一件挑战性很大的事。而这正是进行慢动作冥想的关键：不分析、不期许，让大脑停止它的运作。请大家记住，在进行慢动作冥想的时候，一定要注意以下两点：第一，让头脑停止分析；第二，不要期待通过冥想可以发现或者获得什么。

在进行慢动作冥想时，你的头脑必须是沉静的，当所有的思想都归于沉静时，我们的感知就是一种冥想的状态，它不是夜深人静时的静止无声，而是指当思想及其所有相关的意象、言语和理解力完全停止时的寂静。

心能不能彻底安静下来？我们的心永远都在喋喋不休，永远都在不停转动；换句话说，思想时刻都在回顾、记忆、累积知识，它总是不断地在改变，使自己积累越来越多的概念和名词。我们的感知必须基于思想的记忆和经验，假如我们说"我不知道"，那就意味着尽管我们已经搜罗了头脑中所有储存的知识，但是我们还是没有感知到。

如果我们要想了解某个事物，那么头脑应该是沉静的，思想应该安静地站到一边，只剩下敏感的觉知。思想必须把它以前积累的知识全部清除，这不仅仅是为了精神上的自由，更是为了理解那些不属于时间、思想或任何具体活动的事物。而通过努力、分析、比较、选择、谴责等任何形式的思想斗争，会使我们无法完全了解事实。

因此，只有让思想安静下来，才能得到整体的感知。为了有效率和真正地觉知自己内在与外在的事物，我们就必须有一颗安静、敏感与机警的心，因为一颗安静的心具有无比能量，它是所有能量的总集。

当头脑在不分析、不期许的状态下，我们会感知到一种纯真而又敏锐觉知的状态，这是思想无法企及的，思想从来都不纯真。冥想意味着终止思想，感知亦是如此，要对生命进行全盘的感知和感悟，我们需要一颗极其敏锐的心，这其中所有支离破碎的思想都被停止了。

感知需要摒弃所有的语言。因为语言是思想，无法让头脑宁静。在宁静状态下开始的行动完全不同于语言所引发的行动，敏感的觉知让头脑摆脱一切语言、意象和记忆。如果我们把美丽和丑陋划分出快乐和痛苦的，那是语言将生活区分成了快乐和哀伤。全心全意地感知并不是这种分裂的活动。

在慢动作冥想状态中的感知就是觉察每个念头和每个感受，绝不加以是非判断，而只是观察，从这份觉察中我们会认清思想及感受的所有活动，寂静就会在这份觉察中出现。如果思想者能了解自己念头的生起和本质，并了解为何所有的思想都是陈旧的局限，从这个中间产生的寂静，才是真正的冥想。

生活中随时可以放慢速度

慢，从饮食开始。其实"慢饮食"不单是指要慢慢品尝，更是一种懂得珍惜和欣赏的生活态度。"慢生活"的支持者们反对快餐，他们认为应该在轻松的环境下吃精心烹制的食品，讲究饮食的营养搭配和制作工艺，尽情地享受食物带来的乐趣。

慢，从睡眠开始。"慢一族"总能慢条斯理地入睡，而不是靠药物强迫自己入睡，对于他们，准备睡眠就像调制一杯色香味俱全的上等花草茶。从最简单的睡前一杯牛奶到舒缓的音乐。还可以做一个中草药睡枕，伴着自然的清新气息入睡。

慢，从运动开始。运动代表了"速度与激情"，但是，快节奏工作的人再去做高速度的运动，毕竟不能更好地让身心放松，尽量让运动慢下来。一般可以选择太极拳、瑜伽或者"超慢"的举重等运动，而不是一上来就做剧烈运动。平日里，可以散步，而不是一路小跑或者干脆来个累死人的马拉松。坚持适度舒缓的运动，比断断续续地猛烈运动对人体更有益。

慢，从工作开始。为了对抗现代工作的快节奏，"慢一族"把办公室搬到了家里，形成"慢工作"的生活方式。而且"慢一族"还强调花更多的时间处理一件事，而不是在不同的事情之间周旋。

慢，从情感开始。速食般的恋情、一夜情，为了排遣寂寞的恋爱，是否让你感到恋情来得太快、太无原则？想要获得朴实纯真的爱情，就需要你自己先慢下来，懂得欣赏和赞美身边的事物。否则，寂寞将变成永恒。

慢，从休闲开始。很多现代人的休闲方式是一群人出去狂欢一把，然后一哄而散，这样往往不能更好地达到休闲的目的，人们的心理需要一个适时的过渡，工作中紧张的心理需要在休息中得到舒缓，这时，可以跟家人散步、钓鱼，或去野外踏青，都是不错的选择。

在以"数字"和"速度"为衡量指标的今天，我们只有学着放慢脚步，让自己在工作和生活中找到平衡的支点，才能快乐地享受健康生活。不如从现在开始，放慢你的生活节奏，体会慢动作冥想带来的放松感吧。

2. 冥想为你创造随时可以造访的心灵居所

运用冥想时，首先要做的重要事情之一就是：为自己创造一个随时可以造访的心灵居所。在这个心灵居所中，遇见最放松、最舒适、最本真的自我。以下是这个心灵居所的具体创造方法：

选择舒服的冥想姿势，闭上眼睛，把注意力集中到呼吸上。在头脑中想象你最喜欢的场所，可能是草原、可能是森林、可能是海边、可能是你童年生长的乡村，甚至可以是云朵间、深海里。在这个场所，你感到彻底的放松，不依附任何事物，你的心就能感受到愉悦。然后，开放你所有的感官感知这个场所的一切。听这里的声音、闻这里的气息。接着，想象一座房子在这里慢慢浮现，房子的模样正是你从小到大渴望的理想居所的样子。如果你愿意，可以在这里举办一个小小的仪式，告诉自己的内心，这是属于自己的独一无二的宝地。

当你把你的心灵居所创造出来之后，每次你想见到它的时候，你只需闭上眼睛，就能随时前往了。

冥想让意识处于"定"境里

这里所说的"定"，就是镇定、平静、心无杂念。当你的意识保持"定"的状态，你就处在一种完美的、不可动摇的平衡状态。处于"定"的状态的人，不会抓着兴奋愉悦的体验不放，也不会让某种看似不幸的经历激起悲伤的感受。

佛教大师卡马拉曾经讲述过这样一个故事，一叶小船在黎明的恒河上前进，船的左边，第一缕晨曦照亮了古老的佛塔和庙宇，让它们散发出宁静而耀眼的光芒。船的右边正在举行传统的火葬，尸体在火堆上熊熊燃烧，冒出滚滚黑烟，人们不断地呼喊着。左边是美景，右边是死亡，当你的心中有"定"时，你就可以同时容纳这两者。当你面对那些会对你情感造成巨大冲击的局面时，就要用意识深处的那份"定"，保持中立，胸怀宽广，不为琐事而耿耿于怀。

当意识处于"不定"境中时，大脑的原始神经回路总会不停地驱使你去做出各种各样的反应，"定"可以打断这种回路。处于定境中的大脑，能够把你经历体验中的感情色彩和对外物拼命攫取的欲望剥离开来，使你对这些感情色彩的反应变得中性化，从而打断痛苦产生的过程。也就是说，当意识处在"定"境里时，你能够始终保持空灵和稳定，不会被各种各样的外物所影响。

在某种特定情况下驱使你必须做出反应的局面，在心理学上被称为需求性特征。比如你听到了敲门声，你会去问是谁，比如有人向你张开双臂要和你拥抱，你也会同样回应他一个拥抱，这些都属于需求性特定。而当你的意识处于定境中时，这种局面就只剩下了特征，没有需求了。也就是说你知道发生了什么，但没必要一定要按照特定模式反应，可以先考虑考虑再说。而当你摆脱了这种下意识的自然反应后，你就能够留出更多的空间给同情、爱心以及喜悦了。

随着冥想者的进步，"定"会慢慢深入一种甚远的内在平静状态中，这种定和你的日常生活交织在一起，会给你带来极大的平静。在这种状态下，你不会对生活有不满和失望的情绪，痛苦和烦恼自然也就找不到生长的土壤。

在冥想中得到真正的休息

人出生以后经历的成长，不仅包含身体上的，还包含精神上的。身体的成长我们都能看得到。而且我们不得不承认，身体的衰老是一个不可逆的过程。而心灵的成长则不一样。随着时间的增加，一个人的精神力量有可能会越来越强大。

心灵的成长既包括对于自我进一步的了解，又包括对外部世界的更深入的领悟，是一个人的内心世界的丰富和分化的过程。然而，并不是每个人都有幸进入心灵成长的状态，心灵的成长并不是必然的，随着年龄的增长，有些人的心灵不仅不会成长，反而出现倒退。

这种现象是很正常的，如果我们不吸取新的经验，努力完善自我，整天用消极的思维模式思考，从来没有反思和批判，那么这种僵化的方式必然会妨碍我们探索心灵的世界。我们的精神必然也会随着身体一起走向衰老。心灵的衰老必然会让一个人变得越来越刻薄，越来越萎靡，越来越自恋，越来越计较，他的心灵也会变得越来越阴暗。

人生的意义离不开精神力量的增长。精神是不老的，因为精神的实质是对于人生意义的探讨。精神成长的动力是一个人对待世界的好奇心，是对于自我不断深入地认知和探究。可以这样说，只有人的心灵具备了完成所有事物的能力，才能称之为一个真正成熟而又有魅力的人。

只有对自己的心灵有清醒的认识、足够的信心、坚定的信念，并不断地给自己加油鼓劲，我们的潜能才会被唤醒，冥想才会发挥应有的作用。

要想获得平和的心，有一个最重要的方法，那就是让心灵留下一片空白。所谓空白，主要是指将忧虑、憎恶、不安、罪恶的情绪彻底消除掉。

事实上，刻意地使心灵空白的确能有效地为人们带来心安的感受。当人们将压抑在心头的烦恼吐露一空，或抛到脑后时，往往能体验到解脱的快感。能够把心中的烦闷向知心朋友倾吐的人，通常都是能够把握快乐的人。

仅使心灵空白还不够，必须加进一些内容。因为人的心灵不能永远呈现空白，而毫无内涵，否则，曾经丢弃的消极想法极有可能重新进入你的思想之中。我们必须在心灵呈现空白的同时，立即注入富含创造性、健康性的想法。如此一来，那些负面的想法将无法再对你造成任何影响。久而久之，那些重新注入脑中的新想法将在你的思想中生长，而且能击退任何负面的想法。那时你的心灵将永远享有平和。

使自己拥有平和心灵就要每日坚持片刻的冥想。其大体的原则为，在每天24小时中，至少抽出15分钟作为个人沉默的时间。在这段时间中，你不妨选择一个安静的地方，在那里或坐，或卧，或躺，安静地享受个人的冥想，既不与人交谈，也不读写任何东西，尽量摒除思考，把心灵置于虚空的状态中。有时难免会产生思绪扰乱的状况，但只要你努力尝试，终能使自己的心灵如同静止的水面一般波澜不起。此时，紧接着要做的是"倾听"。在冥想时听到的声音大多是和谐的、美丽的。这种情况正如托马斯·克莱尔所言："沉默是形成自然、伟大之事的要素。"

不过，别以为我们就会这般懒散下去，无所事事的时刻一旦结束，我们全身立刻会振奋起来，觉得自己可面对任何挑战。前一刻的冥想，只不过是为了让身体自然地调节它的节奏，生机一旦恢复，精神随即重振。

你的欲望标枪总是扎伤自己

欲望，是人本身意识对物质以及某种感情的冲动。人类最原始的欲望源自于人的生理需求，饿了想吃的，渴了想喝的，困了想睡眠，以及繁衍生息。再后来慢慢就有了现实社会性的欲望，即上升到心理的需求，有名望、地位、财富和权力，这些都是经过原始的欲望得到满足后慢慢地衍生出来的。在现实社会中，经验和知识会教会人们如何达成欲望，如何满足欲望。

其实，适当追求物质生活的品质并没有错，在能承受的范围内可以有一定的提高，只要不过于贪婪，不要面对种种诱惑，什么都想要，什么都想得到，因为贪婪会导致最终的结果适得其反。"人心不足蛇吞象"，最终断送自己的还是那个欲壑难填的自己。

贪婪使人迷惑，总被欲望牵引，被欲望控制，结果只能让自己坠入深渊。在这个时候，我们应该提醒自己，给自己敲敲警钟，让自己远离罪恶的深渊，找寻一条正确而适合自己的道路。

在冥想中感受不加喜恶的情绪体验

人之所以为万物之长，就在于人能用物而不为物用、不为物累。人生在世，或得意，或失意，其宠辱境界的根本症结所在，皆是因为有身而来。

宠，是得意的总表相。辱，是失意的总代号。当一个人在成名、成功的时候，若非平素具有淡泊名利的真修养，一旦得意，便会欣喜若狂，喜极而泣，自然会有震惊心态，甚至得意忘形。人生在世，真正能做到范仲淹在《岳阳楼记》中所说的"不以物喜、不以己悲"者有几？

古今中外，无论是官场、商场，抑或情场，都仿佛人生的剧场，将得意与失意、荣宠与羞辱看得一清二楚。诸葛亮有一句名言："势利之交，难以经远。士之相知，温不增华，寒不改弃，贯四时而不衰，历坦险而益固。"所谓得意失意皆不忘形，宠辱而不惊，便是此意。

有一个富有哲理的故事，是一段妙趣横生的奇闻逸事，用风趣的口吻将宠辱不惊的修为之难娓娓道来。

宋朝苏东坡居士在江北瓜州任职，瓜州和江南金山寺只一江之隔，他和金山寺的住持佛印禅师经常谈禅论道。一日，苏东坡自觉修持有得，撰诗一首，派遣书童过江，送给佛印禅师印证。诗云："稽首天中天，毫光照大千。八风吹不动，端坐紫金莲。"八风是指人生所遇到的"嗔、讥、毁、誉、利、衰、苦、乐"八种境界，因其能侵扰人心情绪，故称之为风。

佛印禅师从书童手中接过诗文，阅后拿笔批了两个字，就叫书童带回去。

苏东坡以为禅师一定会赞赏自己修行参禅的境界，急忙打开禅师之批示，一看，只见上面写着"放屁"两个字，不禁无名火起，于是乘船过江找禅师理论。船快到金山寺时，佛印禅师早站在江边等候苏东坡。

苏东坡一见禅师就气呼呼地说："禅师！我们是至交道友，我的诗、我的修行，你不赞赏也就罢了，怎可骂人呢？"

禅师若无其事地说："骂你什么呀？"

苏东坡把诗上批的"放屁"两字拿给禅师看。

禅师呵呵大笑道："言说八风吹不动，为何一屁打过江？"

苏东坡闻言惭愧不已。

古来圣贤皆寂寞，是真名士自风流。只有做到了宠辱不惊、去留无意，方能心态平和、恬然自得，方能达观进取、笑看风云。

感受植物散发的宁静与平和

人类有90%的时间是在室内工作和生活的，在人类的生存空间不断遭受各种污染威胁的今天，在我们失去了从自家门口仰望夜空星罗棋布的惬意的今天，如何才能拥有一个健康洁净的室内环境？养一盆绿色植物，是治理室内环境最简单也最健康的一种方法。也许这不仅是出于健康的考虑，也可以作为一种爱好，一种陶冶性情的爱好。不管出于什么目的，在房间里有选择地摆放一些绿色植物，不仅能愉悦你的双眼，还能驱除异味，带来清新自然的空气，这样做肯定是没错的。

你可以选择在办公室或在客厅或卧室养都行。现代办公设备基本上都是自动化的计算机系统，每人的办公桌上都摆放一台电脑，这样我们每天都在遭受辐射的侵害。如果在办公桌旁养一盆绿色植物，最好是具有抗辐射功能的仙人掌，每隔一个小时闭眼休息数分钟，再睁开眼睛观看绿色植物数分钟，眼周肌肉得到放松的同时，心情也会如绿色植物一般时时刻刻都是绿绿葱葱的。

在家居环境中养一盆绿色植物也很重要，选择品种之前，先了解一下各种植物的特点和功能吧。大部分植物都是在白天吸收二氧化碳释放氧气，夜间则相反。但仙人掌、景天、芦荟和吊兰等却可以全天吸收二氧化碳释放氧气，而且存活率较高。比如，吊兰是窗台植物的最佳选择，美观，价格便宜，且吸附有毒物质效果特别好。一盆吊兰在 8 ~ 10 平方米的房间就相当于一个空气净化器，即使未经装修的房间，养一盆吊兰对人的健康也很有利。另外，平安树是很多家庭客厅的盆养植物之选，平安树又叫"肉桂"，能释放出一种清新的气体，让人精神愉悦。在购买这种植物时一定要注意盆土，根和土结合紧凑的是盆栽的，反之则是地栽的。购买时要选择盆栽的，因为盆栽的植物已经本地化，容易成活。

特别提醒一下，植物在光的爱抚下光合作用会加强，释放出比平常条件下多几倍的氧气。所以，要想尽快地驱除房间中的异味，可以用灯光照射植物，让房间有更多的氧气。

如果你有一个小小的庭院，试着在院中种满不同叶形不同颜色的植物。当然，花匠可以提供很好的服务，但是你可能宁愿自己修剪树叶，或自己动手采集果实和种子，做做园艺什么的。你可能放着花园某个角落不整理，作为鸟儿和昆虫的天堂。认识你种植的植物或花的名称，去识别它们的个性。同时学习它们的学名和俗名，并大声念出那些奇怪的音节，想象它们像种子一样躺在你心灵中的花园。

从你的庭院或附近的公园树木收集不同种类的树叶。

舒适地坐下来并认真地研究它们——树叶的形状、颜色和纹理，压在手掌心里感觉它们的凉爽，用手指循着每片叶子的叶脉移动，然后闭眼冥想你所看到的叶子形态。

闭上眼睛，感觉并闻一闻手中的叶子，借由触摸和气味来分辨每一片的不同。

让自己完全专注在树叶上，让所有的担心、焦虑和负面思想都从意识中消退。

用心聆听即是冥想

试着想象这样的场景：楼下的空地种着一大片的鸢尾花，绿绿的叶子，开花时节整片整片紫色的花格外美丽；还有一棵柳树，已经高到能够把枝叶伸到窗台了，窗台外面聚集了一群小鸟，在叽叽喳喳地唱歌。尤其是夏天，歌声更加清脆响亮。这般天籁之声，萦绕在大自然的每一个角落。

你想要生活在这样的美妙环境中吗？很难有人会摇头说"不"吧，但同时又觉得这种美妙是可遇而不可求的。其实不然，只要我们能够静下心来全心全意地聆听，就会发现天籁之声一直在我们身边。

然而我们已经被各种各样嘈杂的声音充斥了耳朵和内心，摇滚乐、大街上的汽车和人流的噪声……我们很少拥有闲暇静下心来全然地倾听大自然的声音。

倾听为什么是最难的？因为我们大都只关注自己的问题、思想和见解，我们通常都急于表达自己的意见，喋喋不休，生怕他人不能理解我们的意思，唯恐没有发表看法的机会；而当别人和我们说话，向我们倾诉时，我们却表现得极其不耐烦，一点都不能静下心来耐心地听。

你是不是该克制一下自己"说"的欲望，更多地倾听他人的想法？而如何倾听也是一门艺术。聆听有两种，一种是用耳朵听，另一种是用心听。如果我们能全心全意地调动起所有的感官整体地去听，就不必管耳朵听或不听的问题了。然而我们的聆听之中通常掺杂着动机。这个动机有时候表现得很明显，有时候又很隐秘。我们听别人说话，常常先入为主地认为不可能有太多收获。我们高兴的时候就认真地听，不高兴的时候就敷衍了事；他说的话对我们有利，于是我们就欣然接受，他说的话是在贬低我们，那么我们就一概拒绝。在这样心灵受限的情况下去倾听，我们往往难以全面地认识他人，更难以全面地认识世界。只有当我们完全不带着任何目的去倾听，不被任何事物限制时，我们的心才会变得无比自由、敏锐、活泼、轻盈。所以思考一下你究竟为什么听别人说话，以及你究竟在听什么，是非常重要的事。

聆听大自然亦是如此，我们不能带着选择和评判去听。无论是鸟叫声、蟋蟀声、风声、流水声，还是小草发芽、花儿开放的声音，都各有各的美。我们只要安静地坐着，保持一颗静谧之心，不必刻意集中注意力，我们就能够听到所有的声音。我们会发现，我们的内心正在发生着惊人的变化，我们能够感受到一股轻松、愉悦、纯粹的力量涌上心田，使自己进入到一种安静祥和的冥想状态。

冥想开悟的生命形式

每个生命都有它的内在本质，这个本质即是每个生命形式和创造物中永存的意识或灵性，不幸的是，大部分人只能看到生命的外在形象——他们只认同自己的肉体和心理，而无法察觉到自己的内在本质。如果人类的认知中能够有一定程度的临在、定静和敏感，生命的本质就能够被体会到，并且人们能够认识到，生命的本质是和人类自身的本质合一的，这能让人类爱它如己。

花朵、鸟类、水晶或者宝石，由于这些事物空灵的本性，使得其灵性相对于其他生命形式而言比较不会被掩盖，当闻到一朵花的芳香，当看到一颗宝石的光芒，当远观一只鸟儿的飞翔，即使是一个没有临在的人也能够或多或少地感觉到：在这些生命的表象之外，存在着更多难以言语的东西，而这就是他们被吸引的原因。

当你聚精会神地对着一朵花、一只小鸟或一颗水晶深思冥想，但不让头脑去定义它们的时候，它们就会成为你进入无形世界的一扇窗户。你的内在会有个开启，让你因而进入心灵的领域。也因此，自古以来，花朵、小鸟、水晶这三种"开悟"的生命形式，在人类的意识进化上扮演了非常重要的角色。比如，佛教的一个重要的象征就是莲花；而在基督教中，白鸽代表着圣灵。人类注定要发生一场深远的意识的转化，这将是一次心灵觉醒之旅，而这三种"开悟"的生命形式一直在为这场转化奠定基础。而人类意识一旦绽放，那么无论花朵多么美丽，都会在人类的意识面前黯然失色。

炫彩花朵冥想，净化精神

色彩冥想是来源于印度教瑜伽传统的一种冥想，此冥想的目的是把我们的思想释放到更高的宇宙精神中去。整个冥想过程持续5～10分钟。

选择一种舒适的冥想坐姿，闭上眼睛，把注意力集中到呼吸上，深呼吸，感受宇宙生命力随着你的吸气进入你的体内。

当你感觉完全放松后，把注意力转到你的思想上来……要意识到可能让你走神的地方。你只需要不做判断地静静观察就可以了。思想和精神可以同时分散在几件事上。这是一种不需控制的特性；相反，它可以被认为是精神的一种能力。只要意识到可能导致你走神的地方，你就会有所警觉。

把注意力集中到你的想法上来，并把不同想法想象成不同的颜色，直觉会引导你把不同的想法赋予不同的颜色，跟随着呼吸进入到这些想法中，看着它们变成光谱中不同的颜色。

手呈杯状，放于胸前与心脏持平的地方。把你各种颜色的想法想象成美丽的花朵，让它们像瀑布一样落入你的手心里，把这些花完全吸进你的心脏中心，让这些想法和你的心灵隔离开来，不要与这些想法产生任何联系或对它们有任何责任感。接着，摊开手，让它们垂落于身体两侧。想象着花儿落入土壤，让你的想法沉入更高精神的智慧中。宽广厚实的土地殷勤地接待它们。按照自己的意愿重复以上过程，直到你感受到心灵的清明与纯净。

重新把注意力转到呼吸和外部环境上。睁开双眼，结束冥想。

去除浮躁，静坐冥想是一剂良方

浮躁是一种不良心态，心理学上甚至把其纳入"亚健康"之列。浮躁也和冥想者所追求的"内心和谐"相悖。

我们周围的社会环境、经济环境等都会促成浮躁的产生。但这都是外因，归根到底还是个人修养出了问题。从人的角度而言，没有浮躁的个人，就不会有浮躁的社会。心病还需心药医，去除浮躁，要从我们自己的心灵着手。

在去除躁气的所有方子当中，"静心冥想"是一服最有效的药。内心的平静是人生的珍宝，它和智慧一样珍贵。能够静心，才能够有健康和成就。拥有宁静之心的人，比那些汲汲营营于赚钱谋生的人更能够体验生命的真谛。

静心可以带来内在的和谐，儒家思想一直非常强调"静心"。《大学》中有这样一句话："静而后能安，安而后能虑，虑而后能得。"只有静下心来，才能获得内心的安宁，然后才能用心思考问题，才能有所成就。

让心静下来的方法有很多，冥想就是方法之一，其实儒家思想中早已为我们提供了一种简便易行又行之有效的冥想方法：静坐冥想。

清华大学方朝晖教授在他的《儒家修身九讲》中，对"静坐"有着比较深入的探讨。

他认为，静坐不是呆坐，而是要对自身进行思考和剖析。静坐的时候，要强迫自己静下心来正视一些平时被搁置、以种种理由不去想或者佯装不在乎而回避的问题。因为与其一再回避求得暂时安稳，不如主动去接触它、解决它。生活的节奏如此之快，我们似乎找不到一段完整的时间去思考和处理自己的问题。静坐也许可以算是一种补救吧！抛开手中的事务，静心冥想，集中注意力，干净彻底地给自己一个交代。

我们常常感慨这个浮躁的社会，人们急功近利、忙忙碌碌，于是悲从中来。可是，仔细想一想，究竟是这个社会浮躁了，还是我们的心浮躁了？我们可曾认真审视过自己的内心？

要摆脱内心的浮躁，就要学会静心，不管世界多么喧嚣，也要让心灵有片刻的安宁。不浮躁的人生，从静心开始，而静心从静坐冥想开始。

沉淀心灵的尘埃

谭苏是禅师的友人拜托他照看的孩子。有一天，谭苏和三个孩子到外面玩。他们四个人在禅师家后面的小山坡上玩了一个小时左右，大概是玩累了，回来想要喝点东西，于是禅师拿出唯一的一瓶自制苹果汁，给每个孩子倒了一杯，最后那一杯给了谭苏。由于谭苏的那一杯是瓶子底部的果汁，所以里面难免有一些果泥。谭苏看到自己那杯里面的果泥时嘟着嘴不肯喝。

过了半个小时，在房间里面静坐的禅师听到谭苏在叫自己，她说她想喝点冷水，但是够不着水龙头。禅师告诉她，桌子上有一杯苹果汁，她看了一眼苹果汁，发现里面的果泥已经沉淀到底下了，杯子上半部的果汁清澈可口，于是她迫不及待地喝了一大口，然后放下杯子问禅师："禅师，这是新倒的果汁吗？"

禅师回答她："不是，这就是刚刚你没有喝的那一杯，它只不过是在那里静静地'坐'了一会，就变得清澈美味了。"

谭苏又看了一眼杯子，说道："真的好好喝，它是不是像你一样静坐呢？"

禅师笑着说道："更贴切一点说，应该是我在静坐的时候禅观观着这杯果汁。"

每天晚上，谭苏都看着禅师静坐。禅师并没有解释其含义，只是告诉她自己在静坐。每天晚上，当谭苏看到禅师洗完脸，穿上僧袍，然后点上一炷香的时候，她就知道，禅师马上要开始静坐了。她也知道，这是她刷牙洗脸、上床睡觉的时候了。

谭苏自然而然地认为，那杯苹果汁像禅师一样，只要静静地"坐"一会儿就清澈了。禅师觉得，自己不需要给不到四岁半的谭苏任何解释，她就能了解静坐的意义。

苹果汁在沉淀片刻后就变得清澈。

通过这个故事，我们很清晰地看到了静坐冥想的益处。不论是否修佛，静坐对一个人的身心都有好处。在一个彻底放松的环境中，外界的寂静与内心的空明都能够使人减少心中的妄念，能够促进身体的健康和心理的平衡。

3. 转念作业冥想拨开痛苦的迷雾

转念作业冥想是身心灵作家拜伦凯·蒂创建的方法。这个方法为无数人拨开了痛苦的迷雾，找回了内心的平静和欢喜。

转念作业的第一步就是写下你对别人的批判，你的批判对象可以是过去或现在任何让你讨厌的人，任何让你生气难过的人，任何让你矛盾困惑的人，你要做的就是写下蛰伏于你心底的对他的批评。对有些人说，这似乎是一件不太容易下笔的事情。这也难怪，我们多年来受到的教导就是别去批判别人，然而事实上，即使我们没有从口头上说出来，我们内心对我们周围的人的批判却一直不曾停止，转念作业就提供给你一个机会，让你可以毫不仁慈和保留地把你对他人的批判发泄出来。这只是转念作业的第一个步骤，你此时写下的话语无论多么不堪入耳，接下来都会峰回路转，引发出无条件的爱。

下面这6个问题就是"批评他人的转念作业清单"。

（1）谁让你生气、不高兴、失望或是看不惯，他有哪些地方是你不喜欢的？

（2）你希望他怎么做？

（3）他应该或是不应该怎么做？

（4）他怎么做你才会快乐？

（5）他在你心中是个什么样的人？

（6）你再也不想跟这个人经历什么事情？

为了更方便地阐述，我们来看看婚姻触礁的小A，是怎样批评她想要批评的人，看看她是怎么回答这些问题的。

（1）我讨厌我的前夫王明，他对我说的话不在意，我怀疑在我跟他说话的时候他根本没有在听。他对我一点也不体贴，还总和我吵架，我说什么他都得对着干，而且我也受不了他的暴脾气，他动不动就生气。

（2）我希望他能把更多的精力花在我身上，我希望他能够更爱我，我希望他能够知道我需要什么，我希望他注意自己的身体，多运动。

（3）他应该少玩点电脑游戏，他应该告诉我他爱我，他不应该忽视我，不应该不给我面子当着朋友的面数落我。

（4）我需要他对我温柔体贴，我需要他对我坦诚，我需要他能对我分享他的感受，接纳我的情绪。

（5）他在我心中是个谎话连篇、不懂得关心人、不懂得负责的人。

（6）我不想和他继续生活。

写下了这些批评，就完成了转念作业的第一步。记住，一定要清楚地写在纸上，如果不写出来，只是用头脑思考来做转念作业，那你会被你的心要得团团转，唯有把故事诚实地写在纸上，你才会清楚地看到那些一直跟你纠缠不休的东西。

转念作业从批评他人开始，接下来就要进行反躬自问和反向思考了。在前面我们已经完成了批评他人的步骤，接下来让我们继续往下走。

先让我们了解四句问话：

（1）那是真的吗？

（2）你百分百确定那是真的吗？

（3）当你持有那个想法时你是如何反应的？

（4）如果没有那个想法，你会是怎样的人？

现在，依然以小A为例子，用四句问话来审查刚刚她写下的"批评他人的转念作业清单"里的第一个答案，在小A的第一个答案中，她说前夫王明她不体贴，那么，现在就开始四句问话。

（1）那是真的吗？反问自己："王明真的不体贴我吗？"如果

你发自内心地想要知道真相，答案会自己跳出来。用心质问自己，静候答案的出现。

（2）你百分百确定那是真的吗？不妨继续发问："我百分百肯定王明不体贴我吗？我能肯定他不体贴我吗？是不是有的时候他的体贴没有被我察觉到呢？"

（3）当你持有那个想法时你是如何反应的？正视这个问题，问问自己："当我觉得王明不体贴我的时候，我做何反应。"请你列出一张清单，比如：我会不理睬他，我会对他无理取闹，我会在他专注于他自己的事情的时候故意烦他，我会很伤心，我会对他一直抱怨。要一边深入省思，一边继续回想自己在那个情况下的做法。

（4）如果没有那个想法，你会是怎样的人？现在想一下，如果你没有"王明对我不够体贴"这个想法，你会是怎样的人。闭上眼睛，想象王明的不体贴，想象一下你没有那个想法的时候你的状态是怎样的，看看你会有什么新发现。

在你回答完"四句问话"之后，接下来要做的事情就是反向思考。你最先的回答是："王明对我不够体贴。"经过反转之后，就变成了"我对王明不够体贴"。想一想这句话，是不是一样真实或者更加真实呢？当你觉得王明对你不够体贴的时候，你是不是对他也不够体贴呢？

还有一个可能同样真实或者更加真实的反向思考是："我自己对自己不够体贴。"在生活中，你真的时刻关心自己的所想所感，全身心地体贴自己吗？你是不是也有对自己不够体贴的时候呢？安静地进行一会儿反向思考之后，你可以继续依循这个方式，进行作业单上其他的答复。

反向思考是健康、平安和欢乐的挖掘者，依循这个方法，你能拨开痛苦的云雾，发掘一些正面的情绪。

这是一个心灵探索的过程，它好比是潜水，经过你的不断提问，答案才会自动找到你。通过这样的冥想探索，你会对自己和世界有不一样的发现，你的人生将彻底改变。

敞开心灵，软化心中的负面情绪

选择满意的姿势正坐或靠坐开始冥想。闭眼凝神于呼吸，在脑中想象一个你心目中喜欢的人，而他对你的爱意是无条件的、积极的。你拉着他的手，当你想到他时，内心会产生何种感想？注意他是多么情愿地想来安慰你，将手掌轻轻放在心窝上，自然流畅地呼吸，让呼吸轻柔地弥漫心间，感觉心跳，想象用手保护着心脏，感受自己的心脏一直保持的这种工作状态。

在你的心里或生活中是否还有别的部位受情绪影响而僵化？让自己慢慢地去探索这些地方。用呼吸将力量导入这些地方，借助呼吸的力量送出温柔的关怀，软化僵硬。站在你的爱人前面，想象你与他（她）相连在一起。想象这份联结中绽放出来的光和能量穿透你的身体，直到你的每个细胞都与灵性成长和更高目的合流。有心爱的人在，你会感到很安全，他（她）的温情鼓励你去享受热情的沐浴。

你的心里或许残留着悲伤的痕迹，失望的影子。这种影子可能会拥有很大的力量，就像汹涌的河流会将你淹没。为了纾解你的悲伤、失望，当冥想准备就绪的时候，首先感谢爱人的出现和给予你的力量，将注意力从心脏移开，双手下垂，放在腿上，集中关注你的呼吸，慢慢睁开眼睛，稍作调整，你可能需要休息一下。

冥想减轻痛失亲人的悲伤

开始冥想前，首先选择满意的坐姿或仰靠姿势，闭上眼睛，开始使用腹部呼吸。

可以以自然节奏呼吸开始，呼吸起落如同波浪拍击海岸，慢慢将呼吸的节奏变缓慢，用缓慢的节律将自己带去一个既无时间、又无空间，只有呼吸存在的境界。

慢慢地，呼吸如同一缕微风将你慢慢托起，这阵清风从一个隐蔽的通道把你带到新的地方。微风把你带到绿油油的田野，在田野尽头出现了一片树林；你开始向树林走去，等你接近树林时，朝那些青翠的树冠看去。林中那些古老的树已经在这里生活了几百年，见证了时间的流逝、事物的变幻。你继续前行，走向树林深处，这时你的意识被唤醒了：许多美妙的景色尽收眼底：树林中的一切都是那么鲜活，同时伴有美好的声音。你一边漫步一边抚摩着松针，松针像地毯一样柔软，铺在脚下。

忽然，你碰到了从未见过的最粗壮、古老的树。伸手去抚摩树皮，感觉到一种爱的力量在从树的年轮中向外散发。张开双臂拥抱这棵大树，全力抱住它。吸气，让悲伤在体内充盈、胀满；呼气时，用力地将悲伤释放到树里。当转身靠在树上的时候，你的身体也会很快变成树的一部分。

树干的中心充满明亮的阳光，这分力量把你送到树枝上。树枝上，栖息着一只大鸟，你魔幻般地进入这只硕大的鸟中。大鸟在树林上空盘旋，通过鸟的眼睛，你俯瞰大地的广阔。在你饱览美景的时候，突然发现有一个人从远方的晨曦中渐渐走近，原来是你曾经的爱人。他（她）经过你的身边，渐行渐远……

当你意识到已经到了该离开的时候，和大鸟、树木作别，和美景流云告别。没有别离的感伤，只有对冲锋的向往。这份信心将带你回到原来的绿草地，走向另一条路。

微微暖风将你托起。意识慢慢收回，经过内心通道，重新返回现实。感受自己呼吸的节奏，仍像海浪的拍打一样。慢慢地从 10 开始倒数，回到清醒状态。

4. 在冥想中如何释放你愤怒的情绪

冥想克服焦虑情绪

以下冥想可以帮助你克服担忧和焦虑，冥想时间为 10 ～ 15 分钟。

选择舒服的冥想姿势，闭上眼睛，舌抵上颚，进入腹部呼吸。

把注意力集中于当前状态，仅留意情绪的产生和消失，体会与身体、情绪和心灵的疏通。

想象你的心中发出一束亮白的光，那是清晰的因缘之光。想象你面前有个光泡，选择一种可怕的或消极的想法去核查它，思索这种想法是如何影响你的行为和反应的，如果你总是以这样的想法衡量生活中的每一件事情，是不是你会变得越来越消极？之后，把这个光泡冲破，让它成为宇宙的意识。

设想一个新的光泡，选一种积极的想法或适宜的表述来取代恐惧，如"这不是事实，只是一种恐惧"或"我可以应对将来发生的事情"。将这样新的想法放进光泡中，让新想法成为真实，想象从恐惧中解脱出来会是什么样子，想象事实上和情绪将会如何。

将光泡置于头顶上方，扎破这个光泡，让其积极的能量流入你的体内。

返回到正常的呼吸节奏中来，睁开眼睛，结束冥想。

冥想五分钟，回归平静和理性

如果有人冒犯你，请先不要愤怒，愤怒只会让自己过于激动，没有办法运用理性正确地看清问题。其实真正打扰我们的不是别人的行为，而是我们自己的意见，只有我们自己的意见才会对我们的行动产生影响。所以，先放弃你对一个行为的判断吧，尝试冥想以下几个问题，也许可以让你回归到理性上。

第一，思考一下你和人群的关系。所有的人类都是被神明派到世上来相互合作的，而你的位置被放在他们之上，就像是牛群中领头的公牛、羊群中领头的公羊。如果万物都只是原子的聚合，那么自然必定就是支配所有事物的力量。这样的话，低级的事物必然是为高级的事物而存在的，而高级的事物之间又是彼此依存的。

第二，思考一下别人在用餐时、在睡觉时、在别的场合都是怎样的？他们遵从怎样的思想支配？在他们冒犯别人的时候，是带着怎样的骄傲的？

第三，当别人正在做着他们所做的事情时，我们不必感到不快；而人们有时候会出于无知而不知不觉地在做着不正当的事情。但在他自己来说，他只是在追求他的真理，因为没有一个灵魂是会放弃追求真理的。他也不愿意被剥夺宇宙赐予他的为人处世的能力，所以当他由于无知犯错而被人指责不正直、背信弃义、贪婪的时候，他是很痛苦的。

第四，要想到，你自己也和他们一样，犯了很多不自觉的错误。也许你已经纠正了这种错误，但难保你不会再犯。何况你戒除这些错误，很大程度上还是出于不纯的动机，比如出于怯懦，或者害怕失去名誉，或者其他的原因。

第五，当你断定别人在做着不正当的事情时，你也要想一想你的判断是否正确，因为很多事情其中另有隐情。我们必须了解更多，才能对别人做出正确的判断。

第六，在你烦恼、愤怒和悲伤时，想一想生命是很短暂的，也许下一秒你就会死去。

第七，困扰我们的实际上并不是别人的行为，而是你对于这些行为的看法。消除这种看法，放弃那些认为某件事情是极恶的东西的判断，你的怒火就能够得到平息。那么怎么才能消除这种判断呢？只需要明白一个道理：就是别人的行为并不是你的耻辱，只有你自作的恶行才是你的耻辱。如果你为别人的行为感到耻辱，那你就是在代替那些强盗或恶人受过了。

第八，要想一想，由于这种行为引起的烦恼和愤怒带给我们的痛苦，比这种行为本身带来的痛苦要多得多。

第九，保持一种和善的气质，以及真实的、发自内心的，而不是一种表面上故作的微笑。始终和善地对待他人，即使最暴躁无礼的人，也不会对你怎么样。在条件允许的情况下，你可以用一种温和的态度纠正他的错误，不带着任何双重的意向，不带着任何斥责、怨恨的感情，亲切和善地关心他的感受，而不是做给旁人看。

按照上面的方法，你就会发现，只要自己恢复了平静和理性，那些打扰到我们内心的事物就几乎不存在了。可见，真正影响到我们的生活的，只是我们自己的想法。所以，只要能够控制住自己的内心，我们就掌握了人生的主动权。

怒气降临时，先静思冥想五分钟

俗语说："一个愤怒的人只会破口大骂，却看不见任何东西。"有人说，愤怒的人恢复理智时，会把怒气转移到自己的身上，如同银行的存款可以生息，储存在心中的怒气，他日会累积成痛苦的根源。愤怒加上情绪的煽动，会燃烧得更为炽热，尤其是情绪的背后还有欲望作祟。在盛怒的当下，人会失去理智，变成伤人伤己的危险动物。愤怒会使人赔上自己的声誉、工作、朋友及所爱的人，以及心灵的宁静、健康，甚至失去自我。

一个人如果能够每时每刻都用一颗宽容、豁达的心去面对世间的人与事，那么这个人的生活中就会减少很多烦恼，就能够时时拥有一颗宁静的心。

佛祖曾经谈及嗔怒的破坏力，当一个人生气时，会有7件事情降临在他身上：

（1）虽然刻意装扮，依然丑陋不堪；

（2）虽然睡在柔软舒适的床上，依然疼痛缠身；

（3）误把善意作恶意，错把坏人当好人，做事鲁莽不听劝告，导致痛苦与伤害；

（4）失去辛苦赚来的钱，甚至误触法网；

（5）失去勤勉工作得来的声望；

（6）亲友形同陌路，不再同你为伍；

（7）死后将转世投胎到畜生道，因为一个任怒气驾驭自己的人，身心及言语皆表现得不健全，而造成令人惋惜的结果。

这7种亲痛仇快的不幸，就是愤怒带给人的后果。

世间万物，危害健康最甚者，莫过于生气，诸如咆哮如雷的"怒气"，暗自忧伤的"闷气"，牢骚满腹的"怨气"，有口难辩的"冤枉气"等。"气"乃一生之主宰，与人体健康关系甚密。若"心不爽，气不顺"，必将破坏肌体平衡，导致各部分器官功能紊乱，从而诱发各种疾病和灾难。所以《内经》就明确指出："百病生于气矣。"

我们嗔怒的锋刃对我们有什么益处呢？它既伤害了别人，也伤害了自己。嗔，这把双刃剑，剑锋所向，最终归结在我们自己身上。因此，当你怒火中烧的时候，不妨不要急着行动或者开口说话，先静思冥想5分钟，怒气会自然减退。

健康地表达你的愤怒

开始冥想前，先在身边准备一张纸、一支钢笔或铅笔。选择你喜欢的坐姿，闭上眼睛，舌头抵住上颚，用鼻腔吸气，腹部呼吸，注意力集中在呼吸上。注意力充分集中，身体得到放松时，在心中营造一个向别人倾诉怒气的情景。可以是当前的，也可以是以往的。觉得怒气消了一点儿或是余怒未消都可以。

先在脑中梳理一遍使你生气的原因，将内心感受尽可能地具体化，并记录下来。是他人什么样的举动、言语或行为使你发怒，也要记下来。鉴于这种情形，你需做什么来改善这点，不必在乎是否能满足要求，记下就行了。

闭上眼睛，想象此人就坐在对面，他愿倾听你的诉说，你可以尽情表达自己的感情。

一开始就告诉冒犯你的人是什么具体行为使你不快，用"我"来陈述。这可以让你自己承担感情的责任，例如，"我们约好了9点见面，你竟迟到40分钟，我真是火冒三丈。""你这样做，我失望透了，所以才发脾气。"

冥想中的交流，要简单、明确，假想对方在倾听和接受你的谈话，讲话的时候也要关注自身的感觉及由此产生的情绪。让对方满足自己的一项具体要求，例如，"如果你愿意多倾听我一会儿，不是横加指责，我一定会愿意听你的意见。"然后问他是否能做到。如不能，可以试试能不能讨价还价。

将注意力转回到自身，让对方消失。关注自己的呼吸，留心在此心理演练中出现的任何情绪变化。做好准备，睁开眼睛做几次清洁呼吸，再花上一分钟时间进行调整。

健康表达你的愤怒，根据情景需要持续冥想 10 ～ 15 分钟。

在冥想中感受你的愤怒情绪

想象你被一个光的气泡所包围，气泡的宽度约是双臂伸开的距离，这个气泡向下延伸到地表下一英尺的深度。能量不断流下，在发光能量场里循环，这股能量有助于提供一个安全的氛围，让你体验情感经历，同时它也是控制日常活动范围的强大工具。

选择你最满意的冥想姿势。闭上眼睛，将注意力集中在你的呼吸上。同时，给自己营造一个发怒的心理状态。这个心理状态可以是过去的，也可以是当前的。将精力集中于发怒境况。

如果是过去的发怒情形，可以在心理上重新营造一个情景：是什么原因让你发怒？什么时候发怒了？火气是慢慢上来的，还是突然爆发的？真诚地、诚实地面对自己，回答自己。力争通过自己的发问，鉴别出特殊想法中存在的扭曲：坚持这种愤怒会得到什么？是否还有别的方法和角度看待这个问题？没有办法拓展视野，转移视线吗？

设想你自己在这个气泡之中，这个气泡是一个安全的容器，在其中你可以放肆体验自己的情感。开始关注自己愤怒的感觉，不用苛责自己，观察怒气在体内什么地方。你尽可以将怒气吸进去，让自己只体验愤怒本身，而不去追问发怒的原因。

冥想的重点是感受体内的愤怒情感，而不是极其愤怒，然后去责备别人。将怒气吸进时，仅仅是去体验它。同时想象如果怒气是一种色彩，它会是什么颜色的？将该颜色吸进去，让它去消解怒气。

注意力集中到地面上，这个颜色在扩大，围住了光泡的周围，开始指向烟雾并通过脚掌和大地相连接。继续关注呼吸，并将怒气排入地下。

慢慢返回正常呼吸。如果你愿意，可以让光泡继续围绕着你或让其自行消散。睁开双眼，稍作调整。为了控制过度或连续愤怒，每日至少坚持练习 20 分钟。

写信冥想释放愤怒

这里教大家一个消除愤怒的冥想方法：给让你愤怒的人写信。

首先要提到的是，你写的这封信不会真正地寄给让你愤怒的这个人，因此，在心中你不必遮掩自己的感情，坦白地写出内心所有的感受，即使这种感受是消极的。在心中，你可以写下这个人做的什么事情让你如此生气，写下你生气时候的身心感受，以及你想要抱怨的一切。写完后，把信放到一边。两三天之后，你再次拿出这封信，仔细阅读，写上你想要加上的任何事情。之后再把这封信搁置两三天，然后把它取出来，看最后一遍，然后撕掉它。你的愤怒情绪也随着这封信的销毁而烟消云散。

5. 冥想是怎样带给你安全感的

强化内心冥想

和前面介绍的冥想方法有点儿不同，强化内心冥想法练习时最好睁开眼睛，因为在生活中我们需要内心强大的时候，往往是睁着眼睛的。

还是先要深呼吸，放松自己，把你全部的注意力放在自己身上。体会你脑海中闪过的每个想法，不需要深究，只需要感受它们的存在。而你的注意力要重点放在体验意识深处的强大感觉，清楚地感受强大从意识深处慢慢浮出来。体会呼吸让你的身体充满了活力，变得强大；体会你的肌肉强壮，可以指挥你的身体做出各种动作的强大；体会你拥有智慧，可以战胜困难的强大。

然后，回想过去那些让你真真切切感到强大的经历。想象你正在处在一个曾经让你感到惊慌、措手不及的场景里，让刚刚想起的那种强大的感觉再次回到你身上，它让你的身体充满了强大的力量，你的手臂、双腿甚至是心脏都充满力量。你感觉自己可以掌控一切，你非常满足、愉快。继续体会强大的感觉带给你的享受，体会自己变得强大、决心坚定。

保持这种强大的感觉，同时集中意识去想一直支持鼓励你的人，可以是一个人，也可以是一群人，你要想他们的样貌和声音，直到他们的形象清楚地呈现在你的意识里。然后体会那种被支持、被肯定、被信任的感觉，体会这些感觉让你变得强大的过程。当然，你可以重复这个过程，或者想另一个支持你的人，享受被强大的感受围绕的美妙体验。如果这时候有其他的感觉冒出来，你也不用担心，即使是像软弱、害怕这类相反的感觉也没关系，你不用去在乎它们，就让它们从你的意识里经过，你只要用心去体会强大的感觉就好。

沉浸在内心变得强大的感觉里，你可以想象自己正经受巨大的挑战，比如你的公司面临破产，你得了严重的疾病，你的朋友背叛了你，等等，让你的意识中强大的感觉充盈在你的身体里，想象在你面对的困境里四周空荡荡的，只有你坚定地站在那里，无论困境发生怎样的改变，你都不为所动，强大的内心支持着你面对它们。这种强大是单纯的，它不会为你去争夺什么或阻挡什么，它只是一种心境，一种精神状态。你要想象那些困难、打击像天空中的云朵一样，很快飘走了，它们伤害不到你，你要保持放松、自在的状态。认真体会强大的美好感觉，想象它在你的身体里蔓延，充满你的四肢、你的意识、你的呼吸。

自我欣赏，放下"不够好"情结

"我们现在不够好"这样的制约，是外界从我们孩提时代开始灌输给我们的思想，当时的我们还太年幼而不懂得辩驳，当时的我们还太弱小而不明白正在发生什么。"你还不够好"这句话深深地打入我们的无意识，让它成了一种信念，让它成了我们身体的一部分。

根据认知神经系统学的研究，我们大多数的行为、习惯、决定与情绪，都是来自于无意识中的程序，而"我们不够好"的观念会深深地进入无意识中，在意识层面，你可能觉得自己相当优秀，或者至少我是不笨的，但是你的意识没能察觉到在过去深深植根于你的无意识中的程序，而这些无意识的程序影响了你的行为，你会创造出恰如其分的状况证明你自己不够好。并且，背负这无意识中"我们这样不够好"的负担，我们通常会担心别人对自己的看法，总是害怕别人会发现我们的缺点，我们不断地以别人的眼光看待自己：他们接受我们吗？我给他们留下了好印象吗？

如何停止对自己的责备之声，扔掉"我现在不够好"的观念呢？

首先，你需要明白这个观念只是以前他人对待你的看法留在你的意识里，并非你内在的声音，也并非事实，只是制约。

其次，你需要掌握一个"停"的技巧，让你从积存在无意识中的陈旧观念中跳出来，把你带到现实。你可以满怀爱意地对自己说："我这样已经最好了，对于把我邀请到这个世界上的存在来讲，我已经很好了，我不需要得到任何人的同意。"或者你可以集中精力到你的成就和一些正面的事情上，来取代否定自己。

每个人都不可能完美无缺，只有从内心接受自己，喜欢自己，坦然地展示真实的自己，还会有任何问题出现吗？

取悦世界之前，先取悦自己

选择看到自己最好的一面，你要做的就是把你心灵中毁灭性的、负面的、充满恐惧和不安的观念和想法除掉，那些不好的东西是我们爱自己道路上的障碍。告诉自己：我要靠自己的力量站直，我要时时刻刻为自己着想，我要给自己找所需要的，我越是爱自己，人们也就会越爱我，我是宇宙的恩典，我的人生将美丽而丰富，我愿意学习爱我自己。

下面是"取悦自己"的行动方针：

照顾身体

你的身体是你的珍宝，如果你想健健康康、长命百岁，那从现在开始好好关照你的身体吧！充足的营养和适量的运动会让你看起来容光焕发、充满活力。

用心经营和自己的关系

在这个忙碌的社会中，我们十分重视自己和他人的关系，但是往往会忽视了自己，因此，把你经营和他人的关系的时间分出来一些，时时刻刻关心自己的所思所想，多爱自己一点，多多关照你的心和灵魂，你自己才是你最应该爱的人。

对待自己就好像你被爱一样

尊敬自己、珍惜自己，当你爱自己的时候，会更容易接纳别人对你的爱。爱的定律是你必须集中注意力在真正需要的事物上，而不要耗费能量在不需要的事物上。所以，把注意力放在爱自己上面吧！

让所有批判之声停止

批判是一种没有任何积极意义的行为，它只会让你的生活陷入更深的黑暗。从现在开始，停止一切批判的言行，不要批判自己，也不要批判别人，通常你看不惯别人的那些缺点，就是你对自己不满意的东西的映射。

别再吓唬自己

生活中，我们总是有意无意地用自己的想法吓唬自己。当我们学会使用正面的言辞，我们的生活会变得更加美好；当你发现你又在自己吓唬自己的时候，要立即对自己说："我的生命中充满着安全感，我要从恐惧中解放出来，我将会过上圆满的生活。"

不断学习

有时候我们经常会因为自己这也不懂、那也不懂而产生一种挫败感。那为什么不学习呢？俗话说活到老学到老，在这个信息社会里，到处都是书本、培训课程、教学视频，你可以利用图书馆的资源或是网上的资源，让自己永远处在学习与成长的过程中。

学会理财

金钱不是万能的，但是现在社会中离开钱是万万不能的，每个人都有权利拥有金钱。金钱是自我价值的一部分，我们不但要有挣钱的能力，也要有理财的能力，让自己不断地积累财富，这是你值得骄傲的能力。

多一点创意

充分发挥潜能的任何活动都是有创意的表现，不管是你独创了一道私房菜，还是自己设计房屋的装修，这都是你的创意。给自己一点时间表现，如果你有小孩要照顾而时间不够，不妨找个朋友来帮忙。你们值得花更多的时间为自己做点事。告诉自己："我会一直发挥我的创意。"

让喜悦和幸福在心中满溢

找到你内在的快乐源泉，并一直和它们保持联系，让自己的生活充满喜悦和幸福。当你快乐的时候，你会活力焕发，周围的事物也能被你的快乐感染。

重视承诺

信守承诺是我们每个人都要学习的事情，但千万不要轻易做出承诺，对自己对他人都一样，除非你确信自己能够完成你所承诺的事情，否则，不要做出承诺。

冥想最强大的自我形象

许多人之所以陷入卑怯中，往往是内心深处无法确立充满自信的"自我"，不能从"我"的立场自在地调度观念事实，是一种心态的内弱病症。

明治年间，日本有一位相扑手大波。起初，大波虽然体健技精，私下较量无敌手，但每逢公开登台时，笨拙得连徒弟也可以将他击败。大波很苦恼，只好去请教名禅师白隐。白隐对他说："你的名字叫大波，那么，今晚你就在这个庙中过夜吧！想象你就是那种巨大的波涛，已非一个怯场的相扑手，而是那横扫一切、吞噬一切的巨浪。"

夜晚，大波开始坐禅，尝试将自己想象成巨浪。起初，思绪如潮、杂念纷纷。不久，他心里有了较为纯一的波浪涌动感，夜越深而浪越大，浪卷走了瓶中的花、佛堂中的佛像……黎明前夕，只见海潮腾涌，庙也不见了。天明以后，大波充满自信地站了起来。从这一天起，他成了全日本战无不胜的相扑大师。

人的自卑拘谨，多源于对外界实际反馈的担心，和占据心胸的纷纷杂绪。若能运用想象训练暂时切断外界联系，滤除杂念，让出了心理空间，"自信"必然乘隙扩展而占据空白，"自信"经扶持而渐渐强大后，人也就不会陷入自卑和羞怯了。

确立充满自信的"自我"想象有 4 个基本步骤：

确定你的目标

选定你想拥有的某样事物，努力为之工作或创造。那可能是任何一个层次上的一种职业、一幢房子、一种关系、你自己身上的一种变化，无论是什么。

最初要选择对你来说是相当容易实现的目标。如此你不用太费力地对付你身上的否定性抵抗力，能最大限度地扩展成功的感觉。以后，当你有了更多的练习时，你可以去处理更困难或更具挑战性的问题。

创造一个清晰的念头或图像

按你所需要的那样，创造一个事物或场景的念头或内心图像；你要用现在时态完全按你所希望的方式来想象，能包括多少细节就包括多少细节。

你也许还希望得出一幅真实物质上的图像，例如绘一张珍宝图，上面画出你理想的生活场景或者你理想的自我形象。

经常集中精力去想象它

经常使你的念头或内心图像浮上脑海，既在安静的冥想时刻，也在白天的任意时刻。这样，它成了你生活的一个组成部分，成了一个真实，而你也将更成功地将它投射出去。

清晰地集中思想，但又在一种轻松随和的方式中，重要的是不要感到在努力谋取，投入了过分的能量将会造成阻碍而不是帮助。

给它积极的能量

当你全神贯注于你的目的时，可以用一种积极的鼓励方式来想它。向你自己做出强有力的积极的叙述：它存在着，它已来临了，或正在来临。想象着你正在接受或获得它。这些积极的陈述称为"肯定"。当你进行肯定时，试着暂时中止你可能会有的任何怀疑或不信任。继续这样想象着，直到你达到目的为止，或再没有这样做的愿望时。

当你达到一个目的时，一定要有意识地承认那已经完成了。常常地，我们获得了想象着的事物，却没有注意到我们已成功了！因此给自己一些赞叹，一定要谢谢上苍，因为你的形象已经在冥想的帮助之下强大起来。

第五章

冥想：给自己最好的礼物

1. 冥想真的可以带给你积极乐观的心态吗

充裕冥想

冥想的解释就是深沉的思索和想象。所以想象可以说是冥想的一个重要组成部分，而它的目的在于刺激想象力，拓展想象空间，使它更加丰盛富足。也就是让你相信这样一个事实——宇宙是充裕的，我们的生活也是充裕的，我们所有的内心渴望都可以在其中得到满足。

选择一个能让你感觉舒适的坐姿，用腹部做缓慢的深呼吸，完全放松自己。

想象自己身在一片美丽的景色中，可以是一座开满鲜花的山上，也可以是蔚蓝的海边，或者是月光下的蔷薇花园。想象每一个美丽的细节，并用心去感受看到景色的愉快心情，然后你漫步在这幅风景画中，接着你看到了另一幅美丽的画面，泛着粼粼波光的湖面，或者行走在郁郁葱葱的丛林中。你继续往前走，你要想象自己看到了更多越来越神奇的景象，关于植物、动物和人的奇观，只要你想得到，并且去感受每一处景色的瑰丽，体会那时的心情。

接下来，想象你回到了现实中，你来到一个简单却温暖的环境中，无论是哪里，只要你觉得是自己最适合的环境。然后周围有你的家庭、工作、亲人和朋友，想象你能把每份关系都处理好，家庭和睦、工作得心应手，想象你得到了最大的满足，得到了家人朋友的肯定，得到了老板的赏识，得到了优厚的工作待遇，你所有的努力都得到了最完美的回报。想象你享受着充实的生活带给你的愉悦感受。最后，试着想象整个世界的人都和你一样满足、充实，人们做着自己喜欢的工作，人与人之间、人与宇宙之间相处融洽，和谐美满。因为我们在创造自己所渴望的事情时，难免会遇到麻烦和冲突，我们不能把自己的快乐建立在他人的痛苦之上，我们必须知道，我们的追求必须对自己对他人甚至整个社会都要有好处，不能妨碍到大家的共同利益。所以，我们在想象自己的向往时必须设定，世界上人人如此。这也是最后要想象世界其乐融融的原因。

如果能坚持做这样的练习，可以帮助你在冥想时更顺利，你的想象力变得充裕而富足，同时，这个练习的过程也是一个轻松愉快的体验，让你在一天的紧张工作后得到适当的放松。

在冥想中体验丰盛的感觉

在生活中我们总是拥有这样那样的负面信念，看看你是不是也常常发出以下的抱怨：

活着有什么意思呀……

这种好事估计不会发生在我头上……

真是的，我要是也能像 ×× 那样嫁个疼我的好老公该多好……

怎么样，这些话听上去很耳熟吧。生活中，我们之所以会失败，原因之一就是我们在追求我们所想要的事物的时候缺乏一种坚定的信念，我们的内心总是有一种匮乏意识在作祟。你之所以会这样抱怨，是因为你对宇宙运行法则的不了解和对一些灵性法则的误解。这一切来源于你内心的虚假信念。这个虚假信念限制了我们所有人去实现丰盛和富足的自然状态。

我们要破除这个虚伪的信念，首先要了解宇宙的真相。宇宙的真相是：地球是一个极为美好、漂亮而又滋润的地方。宇宙如此之富足，无论是物质上还是精神上，我们都可以自然地活在丰盛之中，活在平衡与和谐之中。我们这些生活在工业时代的人都需要培养一个更简朴、更自然的生活方式。我们需要认识到，在基本需要得到满足之后，对丰富的物质生活的适当追求更需达到接受和给予之间的平衡，而非奢华的消费倾向。

现在，就请你沉思冥想 5 分钟，检查一下你的信念系统。回忆一下在你以往的经历中，有没有出现过成功近在咫尺，却因为你内心的匮乏信念而功亏一篑的情况。然后坚定地告诉自己，这个世界是一个繁荣昌盛之地，住在上面的每一个人都兴旺发达。如此，带着丰盛的感觉投入每一个当下，你的生活必然是美好而幸福的，你想拥有的必定会慢慢地朝你走来。

释放负面信念的冥想练习

在许多人的成长过程中，都会不断吸收来自父母、上司、社会环境所强加给自己的负面信息，随着时间的推移，这些负面信息变成了我们头脑中阻碍幸福的模式，我们不断上演相同的戏码，重复相同的模式，阻碍着我们与幸福之间的距离。唯有将这些负面信息连根拔除，种下肯定信念的种子，我们才能一步步靠近幸福。

那我们如何才能把存于内心的负面信念释放掉呢？或者说，我们怎么做才能改变我们的负面信念呢？

你首先要做的，即是知道自己持有哪些负面信念。

拿出笔和纸，把你对一些事物的看法统统白纸黑字的写下来，包括工作、金钱、爱情、婚姻、讲课、衰老、死亡等。每一个你认为有意义的生命议题你都可以写出来，并写下你对它们的看法。这可能要花费你一点时间，但是这么做绝对是有意义的。不管你的想法看起来多么愚蠢，都要让你的笔尖忠于你的内心。这些信念是你所依赖的内在、潜意识规则。只有当你认清你持有哪些负面信息之后，你才能在你的生活中做出正面的转变。通过自我觉知的过程，你可以在任何时候实现自我的重建，变成理想模样，过上理想生活。

当你罗列完清单之后，把它从头到尾读一遍，首先标出对你有益的信念，将这些信念好好保存起来，并且在今后的生活中不断强化。然后用不同的记号标出那些让你感到消极的、不利于你向目标迈进的信念。这些信念是你幸福生活的阻碍，你必须消除或是重新调整这些信念。

下一步要做的是逐一审视你的负面信念，然后问自己："我是不是要让这个信念继续在我的生活中存在？还是我想要放弃这个信念？"如果你愿意放弃你的这些负面信念，那么，再重新做一份清单。为了提升你的生活品质，把你每一个负面信念的否定言辞转变成为肯定言辞。比如说：

把"我真是一个没用的人"转变为"我是一个自信满满并且有所作为的人"。

把"我找不到合适我的工作"转变为"生命品质会将一份好工作带到我面前"。

把"我体质不好、总是生病"转变为"我是一个健康强壮的人"。

把"我太穷了"转变为"我是一个拥有无数财富的人"。

转变你的每一个负面信念,把它们变成对自己有益处的、个人化的行为法则。筛选对人体有益的信念就是在筛选幸福。为了你生命品质的提升,自己为自己创造你想要的方针指南。每天对自己大声读出你的正面声明,相信不久它们都会成真。

冥想体会宇宙能量与大地能量的互通

首先找个位置坐下来,可以在椅子上、地毯上、沙发上甚至是盘腿坐在床上,根据你的喜欢选择,只要能让你觉得舒服就行。把背部挺直,然后保持这个姿势。闭上眼睛,用腹部呼吸法,做缓慢的深呼吸,像愿景冥想一样,利用倒数的方法从10到1循环默数,直到你进入深度的放松状态。

这时候,我们需要引入一个名词,叫"接地索"。想象你的脊椎上连接了一条绳索,它从你的脊椎尾部伸入地下,就像大树的根须在土壤里延伸一样。这条想象出的绳索就是接地索。然后接着想象地下的能量正在通过这条绳索往上流动,从你的脚底到头顶,直到充满你身体的每个部位,再从头顶流出去。反复冥想这个过程,在你的身体和大地之间建立一个能量的流动通道。下一步冥想宇宙的能量从你的头顶流进来,它们缓缓流过你的身体,最后通过你的接地索和脚底流入地下。你试着去感受这两种不同方向的能量流动,它们在你身体里融合、共存。重复整个冥想过程,直到你感觉到两股能量和谐地存在于你的体内。

这个冥想练习可以帮助你平衡虚无缥缈的宇宙能量和实在稳定的大地能量,让你可以平衡地存在两者之间。同时这一平衡可以促进你的健全感,让你可以生活得更踏实,也可以提高你的创造力和表现力。当然,这些效果必须经过长期不断地练习才能发挥出来。

积极思维不可思议的力量

自我暗示是我们进行心理调节的得力助手，如果我们能够经常在冥想中进行积极的自我暗示，我们就能开发出自己的巨大潜能，从而获得超群的智慧和强大的精神力量，进而实现自己的梦想，获得成功。在冥想中进行积极的自我暗示作为一种常用的心理调整方法，具有下面几种功效：

镇定作用

人的心理十分复杂，经常要受外界情境的影响。尤其在对抗、竞争的条件下，对手创造一个好成绩或工作做到你前面去了，会造成你的心理紧张。本来你有能力超过他，但是因为心理上的紧张，反而束缚了你潜在能力的发挥。自我暗示在这时就能起到消除杂念、稳定情绪的作用。

集中作用

这个作用同镇定作用密切相关。一件事情，尤其是有一定难度的事情的成功，总是离不开注意力的高度集中。只有全力以赴，才能取得成功，除此没有别的捷径。可是，人的注意力并不是说集中就能集中的。缺乏心理训练的人，往往是到了注意力该集中的时候，却出现心猿意马的情况。怎么办？学会自我暗示，是一种比较有效的办法。

提醒作用

一位学者说，当你想和别人吵架，并准备好某些词语时，请你在嘴里默念："我一定不要让这些词语出口。"只要这样去做，大多是吵不起来的。这位学者所介绍的，也是一种自我暗示的方法，它可以提醒人们不去做某些事情。当然，当你准备做某件事情，而又出现心理障碍如胆怯、紧张等情绪时，自我暗示也能起到正面强化的作用。例如夜间在乡村小路上行走，有些怕走夜路的人，就可以用自我暗示的方法来鼓励自己。

海伦·凯勒曾说过："当你感受到生活中有一股力量驱使你飞翔时，你是绝不应该爬行的！"在我们的日常生活、学习和工作中，我们每个人的心理难免会受到外界环境的影响。当我们心理受到消极的影响时，我们就无法发掘出自身的潜能，甚至本来在我们能力范围之内的事情，我们也会因为消极的心理作用而做得一塌糊涂；当我们的心理有积极力量的引导时，即使我们面对难以逾越的障碍，依然能够发掘潜能，最终创造奇迹。

当我们身处对抗、竞争的环境中时，我们就应该运用积极的自我暗示，消除心理上的紧张，让自己的潜能得到充分发挥。积极的自我暗示，可以在我们精神无法集中时，起到镇定、集中精神的作用。在我们准备做某件事情的时候，积极的自我暗示可以帮助我们摆脱胆怯、紧张等心理障碍，让我们充分发挥自身的力量。

积极的自我暗示对人的生理和心理都能起到好的作用。一个人要想获得成功只能靠自己，而不是依靠出身显贵、条件优越、智能超常等所谓的有利条件，这些条件都是靠不住的，甚至是身强力壮、时间充裕这些必要的条件也不够充分。一个人的成功最终能够依靠的只有坚强的意志、积极的自我暗示。唯此，才能创造积极的心态，才能够更好地发挥出自己的潜力，获得成功。

积极的人在每一次忧患中都看到一个机会，而消极的人则在每个机会中都看到某种忧患。积极的自我暗示具有重塑新我的魔力，它让我们唤醒沉睡的自己。在我们实现梦想的旅途中，在遇到困难和挫折时，我们只有以高度的自觉和顽强的意志，积极的自我暗示，才会突破难关，开创新局面。

积极的想法改变命运

实际上，人类的生活正是思想的体现，所以我们在人生之路上迈出的每一步，根源都在于我们头脑中瞬时形成的想法。想法会形成感受，从而产生行动，导致结果，并最终成为我们能够感受到、触摸到的现实生活。

所以，你的想法便能改变命运。人的想法包括意识和潜意识两部分，我们能够关注到意识在一件事情的进展中所发挥的作用，往往忽视了更为重要的潜意识，然而我们大部分的日常行为都是受到潜意识控制的。

如果你不能理解，试想一下，你的许多渴望、心愿、需求是不是常常来自于你自己都意识不到的想法？尽管如此，我们也不必担心这难以察觉的潜意识会违背我们的初衷，因为意识就像潜意识的一张过滤网，只有对于自身很重要的想法才能顺利通过。所以，只要控制了有意识的想法，便能控制潜意识的想法，进而持久有效地改变自己的生活。

正因为想法对于命运转变的重要作用，所以我们应该去关注那些能够赋予自己积极动力的事物，充分发挥想象，听从幸福的指引。

每当一个使你感到沮丧或者消极的念头潜入你的思维时，马上提醒自己将想法转移到使你感觉良好或者充满能量的事情上。唯有这样，你才能选择正确的想法，明确地知道自己想要的是什么，才能实现吸引力法则这一宇宙法则的意义，获得行动的引导和动力。

对着镜子的积极冥想

神经学专家坎德丝·波尔在脑部研究中创造出"神经介质"这个词，意思是"化学传讯者"。当我们产生了一个念头或一句话的时候，这种物质会漫游过我们的身体。当我们的想法是愤怒的、批判的、吹毛求疵的，神经介质制造出的化学物质会压抑免疫系统；而当我们的想法是温暖的、有爱心的、正面积极的时候，神经介质会运送其他的化学物质，增强我们的免疫系统。人类的身体与心灵相互连接这个事实得到了科学家的认同。事实上，身体与心灵的沟通交流无时无刻不在进行着，你的心灵会把你的想法传递给你身体内的细胞，让它们时时刻刻都知道你的所思所想。

你现在的想法是积极的还是消极的？你的身体里通过的是哪一种神经传讯者？你现在的想法会损害你的身体还是带给你健康？

许多人都会因为愤怒、抱怨而在体内产生毒素。你所不知道的是，你是你自己抱怨的受害者，神经传讯者会带着这些抱怨的想法，慢慢渗透到身体里，毒化每一个细胞。

现在就振作起来吧，对着镜子，凝望自己的双眼，大声地对自己说："我爱你，我要从此刻开始重建我的生命，提升我的生命品质，我要成为一个快乐而充实的人。"当你对自己说这番话的时候，注意一下你脑海中产生了什么样的想法，如果产生了负面想法，你不妨承认它，但是不要给予它力量。

从现在开始不妨做一个简单的练习：每一次照镜子的时候，都做一次积极冥想的练习，对自己说一些积极正面的话，可以是在心底默默地说，也可以是大声地表达出来。如果时间匆忙，就说一句简单的"我爱你"。这个练习，会给你的生命增加力量，怎么样，不妨从现在开始尝试吧！

消极思想可以被覆盖

认知决定情绪，一个人如果习惯朝着悲观的方向想问题，那么他的情绪肯定是消极的。反过来，如果一个人的性格是积极的，那么，即使遇到很困难的事情，他也能朝着乐观的方面想，那样也就能长期保持乐观积极的情绪了。情绪的"选择权"其实在每个人的手上，是愿意开心地过，还是痛苦地生活，这些完全看你自己。

心情不好的时候，要学会转变自己的思想、认知，从正面、积极的方向去思考问题。积极转念法可以在短时间内调整自己的情绪，而且有助于建立高情商，在为人处世当中更成熟一些，不会轻易地被负面情绪控制。

要练习积极的态度，其实很简单，任何事情发生以后，你都先对自己说："太好了！"然后，再去找证据证明为什么好。

也许有人认为这是无聊的自我欺骗，是毫无意义的。而事实是，任何事情都有好坏两面，我们如何评价，取决于看待问题的立场和角度。与其站在一个消极的角度让自己难受，不如换个积极的角度让自己开心。

消极思维的逆转冥想

辩证地看问题，任何事物都有两面性。但是很多时候，我们都只注重其中的一面。更多的时候还是消极的那一面。正是这种消极，使得我们容易退缩、逃避、一蹶不振。

在逆转消极思维之前，我们首先要明白这种思维是怎么产生的。消极思维的最大产生基地就是我们的思维定式。思维定式的好处在于，能够帮助我们很快得出结论，做出判断。而坏处就是在无形之中杀死我们看待问题的多个角度，逆转消极思维从根本上来说就是打败思维定式。

我们在冥想的时候，没有导师来引领，一切都要靠自己的思维来逆转。逆转自己的思维比较耗费精神，所以要做几分钟就休息一次，然后再继续。逐渐适应了之后，可坚持的时间就能长一些。

可以采取坐姿或是卧式。放松身体，调节呼吸，将注意力放在一件困扰你的事情上。

首先，在脑海中分析这件事情困扰你的原因，我们在现实生活中会时不时地遇到一些困难，其原因往往是多方面的，有些分析起来也是千丝万缕，所以在开始冥想的时候，不妨选择一些条理较为分明的事情。等冥想的能力提高了，就可以进行难度大一些的逆转冥想了。

我们的思维定式会在不知不觉的时候就开始运作，很多时候困扰我们的不是问题本身，而是我们对自己的判断。比如这个困扰很多年轻人的问题：买不起房子。困扰不是房子本身而是你对于自己买不起房子的判断。而我们的冥想就是从追问自己"为什么"开始，并且自己作答。

"为什么我买不起房子？"

"因为我收入低。"

"为什么我的收入低？"

"因为我文化水平低／我们单位效益差。"

每一次的作答都要往自己的内心深处更贴近一层。这个时候，慢慢会涌出很多问题，很多疑问，就像是一棵大树的枝枝杈杈，你要关注每个枝杈。

要知道很多问题的解答，不能只从自己的主观方面去断言，还要结合客观条件。比如关于收入的问题，就可以有两个不同方式的解答："我这个人太耿直，赚不着钱。""经济危机还没过去，领导又不赏识我，处境很不好。"接下来就可以追问自己："为什么不考虑换个工作环境？"

通过层层发问，会帮助你更加深入地了解自己的个性和思想。真正阻碍你的是一直以来给你套上的思想枷锁。现实的环境如果不是你想要的，你难以接受，难以融入，那就大胆改变吧！

这次的冥想练习就像是和自己的灵魂对话，是一次与自己的深入探讨。多问自己几个为什么，也许让你接受那个深层的自我在一时之间是件不容易的事，没关系，这时候只要把注意力放在呼吸上，放松自己就可以了。等你平静下来，还是要继续冥想，继续发问。

消极思想的形成不是一朝一夕的事，是经历了很长时间才形成的，这其中可能有一些你不愿意面对的回忆或曾经受过挫折的过去，要逆转自己，推翻自己也不是一朝一夕的事。需要很大的恒心和毅力，所以这组冥想一定要坚持下去。

2. 心想事成的冥想是怎样运作的

愿景冥想

愿景，顾名思义是希望看到的景色，引申为所向往的前景。对于个人来说是你的脑海里最想看到的意象，对于一个组织来说是大家共同的愿望。愿景冥想的练习可以让练习者在轻松的环境中获得积极的动力。

首先，你需要想一个自己最希望得到的事物，只要你能在头脑中轻易地描绘出就行。

其次，找一个安静的地方，最好保证练习过程中不会被人打扰。接下来就可以进入冥想状态了，选择一个舒服的姿势，坐着或躺着都没有关系，关键是让你觉得舒适，能完全放松下来。接着把你平时积累的压力、紧张等不安的情绪都清除掉，试着让全身每一块肌肉都放松，用腹部呼吸法做深而缓慢的呼吸。期间你可以利用默念数字来帮助自己加深放松的体验，慢慢地从 10 倒数至 1，循环几次直到你感觉自己已经完完全全地放松下来为止。

这时候就可以开始想象了，如果你最想得到的是一部手机，那就想象它正在你的手里，你在用它打电话、发短信、玩游戏，或者在向朋友展示它的新功能等。如果你最想进行一次旅行，那就想象你正在路上，想象你看到了许多美丽的景色，你在和同伴讨论看到的奇观，或者正在用相机拍摄一朵花开。你可以在想象中加上任何你想要经历的细节。

想象的时间长短没有具体的要求，你可以随便设定，只要你觉得合适即可。而且，在你想象的同时还可以说一些相关的话语，可以大声说出来也可以默念，根据你的习惯决定，但应该是积极肯定的，不能消极悲观。

当然，你在想象的过程中可能会出现疑惑，或者与设想相矛盾的念头，这时候你不需要强迫自己去阻止它们，刻意的抗拒只会适得其反，你可以任由它们闪过你的脑海，甚至可以接纳它们，但在冥想结束的时候你要用一些坚定的正面语句把它们引回正确的意象中。比如"这件事可以更加圆满地结束，但不能妨碍与之相关的所有人的利益。"这一陈述不仅可以把不和谐的矛盾带到正途，还为更加美好的想象留出了空间。

如此，每天坚持做，如果可以，尽可能多地重复练习。但是，如果你想要更有效地把它运用到工作生活中，还需要更多更深入地理解、研究。

在阿尔法（α）状态下观想你的愿景

人的大脑功能基本上由 4 种不同活动层面所构成：

第一层：贝塔层（β）——你处于完全清醒的状态。你每天约有 16 个小时处在这种活动平面上。大脑的这个层面的主要功能是调节人体基本生命控制中心的活动，如心跳、呼吸、肾脏功能、消化功能等（占75%），履行你的思维活动（占25%），其中包括决策、推理和逻辑思维等。据科学家们测量，这时你的脑电波活动速度在每秒14～30周不等。

第二层：阿尔法（α）——它与你的潜意识有关，进入这个层面就等于你打开了进入潜意识的大门。催眠状态就处在这个层面里。当你的精力达到高度集中时（95%～100%）就能进入这个层面。该层面的其他功能还包括静思、生物反馈、幻想以及自然进入睡眠过程和从睡眠中清醒过来的过程。

第三层：日诶塔（θ）——代表你的无意识部分。当你在浅睡时，你的大脑活动在此层面中进行，你开始做梦。它有时被称为睡梦状态。"意识"表明你是清醒的，对事物有警觉；"无意识"表明你是不完全清醒的，对外界事物无任何警觉。

第四层：德尔塔（δ）——它与你的深睡有关。当你进入这层状态时，你的意识完全消失，潜意识进入了最大程度的休息状态，你听不到周围的任何声音。每晚你在睡觉时大约有30～40分钟处于这个层面。

在正常情况下，β脑电波出现在你日常心理和躯体活动时。如果你在经历某种创伤或者频繁地思索并和自己的内心交谈，尤其伴随着内心分析、警觉和评判，β波就出现高活动状态。这种状态导致你心智忙碌，不同程度地影响你的内心平静和幸福感产生，并限制你的信念架构。你在进行放松、静思和自我催眠时，β脑电波被削弱，出现α波，它表明你的大脑活动处于相当平静和警觉状态。人在α波状态下，大脑最易"开窍"，精神集中，思维清晰，创意涌现，加快信息收储，产生过目不忘的效果。α波是打开潜意识唯一有效的途径。

α状态是脑波的4种状态之一，α状态的脑波频率是8～13

赫兹，我们每天都会进入这个状态很多次，比如，做白日梦、无聊发呆、盯着书看但一个字也没看进去，等等，类似于"神游太虚"的状态就是 α 状态。

通常我们的愿景都是在潜意识的帮助下实现的，或者说只要这个愿景真的是你所希望的，潜意识就会帮助你接近并实现它。而在 α 状态下我们的脑波比较集中，潜意识里拥有的能量也会更大，这个时候观想你的愿景，可以提高它实现的可能性。

受教育程度和你实现愿景的能力没有一点关系，当然，一个博士和一个小学生的愿景也不可能相同，它们的实现难度也会不同，对两个人来说它们都一样是愿景，是没有实现的渴望。而实现愿景的关键是你的信念（潜意识）是否坚定，不是你说说（显意识）就能成真的。

科学家在一个地方通过冥想研究一些具有深度宗教经验的信徒，科学家针对他们提出了一些观察研究：潜意识的后端有一个区域，一直在计算空间定位，试图了解生命的终结和世界的开始。当受试者进行深度冥想时，这个区域就会完全静止下来。而这个区域所在的位置属于潜意识区。

以上的例子说明潜意识与宇宙的联系更为紧密，更容易利用宇宙的能量帮助我们实现冥想的愿景。又因为 α 状态比较放松，适合冥想练习，所以，如果在 α 状态下进行愿景冥想更有效，愿景更容易被成功实现。

期待就是预言的自我实现

愿景冥想最简单的方法就是，在冥想时让头脑中出现你最期待的事，并深深地专注于此。愿景冥想的原理其实十分简单，就像是我们熟知的吸引力法则，我们可以将愿景冥想定义为"关注什么吸引什么"，也就是说你最关注的事物往往最有可能出现在你的生活中，你最想得到的事物也会成为你能够握在手里的现实。因此，有人可能会质疑这种观点，他们往往会摆出这样的证据：这个世界上每个人都希望自己拥有财富、健康以及充实的生活，但并不是所有人都过上了幸福的日子。

如果你把自己的注意力放在你所缺少的事物本身，而不是"缺少"的事实，那么你就能始终专注于如何拥有财富，如何保持健康，如何获得幸福。那么，一次一次的愿景冥想练习会让你所期待的事物在你的生活中如约而至。

有一位普通的乡村邮递员，每天徒步奔走在各个村庄之间。一天，他在崎岖的山路上被一块石头绊倒了。他捡起那块样子奇特的石头，左看右看，有些爱不释手。他突然产生一个念头，如果用这些美丽的石头建造一座城堡，那将是多么美好啊！

于是，他把那块石头放进自己的邮包里。村民们看到他的邮包里除了信件之外，还有一块沉重的石头，都感到很奇怪，劝他："把它扔了吧，你还要走那么远的路，这可是一个不小的负担。"

他取出那块石头，有些得意地说："你们看，有谁见过这样美丽的石头？"

人们都笑了："这样的石头山上到处都是，够你捡一辈子。"

后来，他在每次送信的途中都会捎上几块好看的石头。慢慢地，他便收集了一大堆奇形怪状的石头，但离建造城堡的数量还远远不够。

于是，他开始推着独轮车送信，只要发现中意的石头，就装上独轮车。

年复一年，他再也没有过上一天安闲的日子。白天他是一个邮差和一个运输石头的苦力，晚上他又是一个建筑师。他按照天马行空的想象来构造自己的城堡。

人们都感到不可思议，认为他的大脑出了问题。

20多年过去了，在他偏僻的住处，出现了许多错落有致的城堡，有清真寺式的、有印度神教式的、有基督教式的……当地人都知道有这样一个性格偏执、沉默不语的邮差，在干一些如同小孩建筑城堡的游戏。

1905年，法国的一名记者偶然发现了这个城堡群，这里的风景和城堡的建筑格局令他感叹不已，因此写了一篇介绍城堡和它的建造者的文章。文章刊出后，这位邮差——希瓦勒迅速成为新闻人物。许多人慕名前来参观，连当时最著名的艺术大师毕加索也专程参观了他的建筑。

如今，该城堡群已成为法国最著名的风景旅游点之一，它的名字就叫作"邮递员希瓦勒之理想宫"。据说，景点入口处立着那块当年绊倒希瓦勒的石头，上面刻着一句话："我想知道一块有了愿望的石头能走多远。"

事情就是这么简单，只要想到了，你就能得到它。你内心中积攒的能量，能够让一块没有生命的石头行走在浩渺的宇宙间，找到自己的归宿，并实现其独特的价值。

冥想就是运用想象实现你想要的生活

在各种冥想练习中，我们说得最多的就是"想象"，你要想象某个场景、某个画面、某段经历，等等，而你的想象往往也就是你的冥想目标，所以说，冥想就是运用想象实现你想要的生活，在此，我们重点强调想象。

想象力是人的一种能力。一旦拥有了想象力，你就像拥有了创造的源泉，而这股想象的清泉会让你的生命拥有灵动感。当你想象自己渴望拥有某种美好事物的时候，实际上就是将内在的能量集中到这种事物上，也就是让能量场吸引一切相关的美好事物。你对那些美好的事物想象得越强烈，能量场吸引来的美好事物往往就会越多。这是一个充满灵动感的过程，你渴望什么、想象什么，也就会得到什么，生命也就会被这些渴望与想象的事物占满。

每个人都可以按照自己的渴望设计人生，如果你始终觉得自己的梦想太过于遥远，不妨每天这样告诉自己："我离梦想很近。""我的心愿早已经完成，此时只是让我的梦想更加丰富与完美。"例如，你想减肥，就时刻想象着自己已经拥有了完美的身材；你想练习长跑，就时刻想象着自己在公园中跑步。正因为你时刻将自己置于美好的心愿之中，你的内在会产生一种喜悦与轻松，因而你对待生活、对待梦想的态度也会截然不同。这种想象并不是虚无缥缈的，而是让自己产生一种实现梦想的更强大的信念，而这股信念会为你带来获得成功最坚实的力量，并最终让你的梦想成为现实。

心想事成冥想是怎么运作的

心想事成是每个人都渴望拥有的力量，那么，如何在冥想中心想事成呢？现在向大家总结一下最关键的两点：

第一，扔下"我不配"的心理。20世纪世界最伟大的成功学大师卡耐基说："多数人都拥有自己不了解的能力和机会，都有可能做到未曾梦想的事情。"也就是说，你没有不配得到的事物，你可以拥有一切想要的事物。假如公司提供了一个经理的名额，你恰好想要竞争这个职位，但无论如何努力、业绩如何优秀，你都无法赢过其他同事，最终也与经理的位置失之交臂。失败的原因不是能力的问题，而是你内心深处的"不配得"情结。它像个魔咒一样，在你的心底不停呐喊："我不配得到这个职位！"而潜意识接受了内心深处的这个意愿，让你表面上做的一切努力都白白浪费。如果想要成功，你就需要从内心深处战胜"不配得"情结，大声地喊出自己的意愿："我一定会得到这个职位！""我非常确定能获得美好的生活。"一旦战胜了这种情结，你也就获得了心想事成的力量。

第二，专注于你冥想的目标。当专注于某个念头、某件事情的时候，你的身边就会产生一个小小的能量场。你越是专注于它，越会让这个能量场散发出强大的吸引力。你对某件事情的执着与专注，会吸引来让这件事情实现的因素。

练习专注力的方法很多，其中最简单的就是，写一张鼓励自己的小纸条，并把它带在身上。例如，你可以写"我拥有专心致志的力量""我可以吸引来一切想要的东西""宇宙会赐予我获得成功的无限力量"等。这张纸条虽然小，却包含着无穷无尽的力量。因为在你大声朗读它的时候，宇宙就会回应你的愿望，从而让你真正心想事成。

愿景冥想的四个步骤

愿景冥想可以归结为四个步骤来进行练习：

第一步：设立一个目标

愿景冥想的第一步就是给自己设立一个最想实现的目标，但需要注意的是，刚开始设定的目标最好是比较容易实现的，或者是实现的过程不会太长的，这样会让你更加相信冥想的力量，也杜绝了过程中可能出现的疑惑和不确定等负面想法。当你有了更多的体会和追求目标的实战经验后，就可以把冥想目标设定成比较难实现的、有挑战性的事情了。这个细节可以在冥想时帮助你增强信心，离成功更近。

第二步：构思一个清晰的场景

设立了目标之后，需要你把对目标的想法和感受构思出来，放到一个清晰的画面里。你要用目标已经实现的心态去体会它的存在，想象你正在那个你设定的场景中，感受着成功带给你的喜悦。这个场景不仅要清晰还要具体、全面，尤其是细节方面的设想，要多一些。

你甚至可以把你所想到的场景用笔画下来，使它成为一幅真正的画。这样你会更加直观地感受到它的存在。

第三步：把对它的关注当成一个习惯

当你有时间休息、晚上睡觉前，或者只是在工作之余突然想到了，你都要有意识地感受你设想的画面，让它深深植入脑海。并且把这种对它的关注当成一个习惯，这样它也就成了你生活中的一部分，更像是现实存在的一件事了。当你关注它的时候要放松心态，你虽然在努力感受它的存在，但并不需要花费很大的力气，你专注于它，但不需要投入太多的精力。看似很矛盾，其实只是一种轻柔的心态罢了，轻松对待它，不要过于紧张费神，否则只会事倍功半。

第四：赋予它正能量

你每一次在脑海里感受它的时候，都要用积极的态度面对它，并要不断激励和鼓舞它的实现。用正能量暗示自己它的存在，相信自己已经把它变成了现实，肯定自己的能力。把可能出现的质疑、反对的声音压下去，至少现在这一刻当它们不存在。继续感受目标实现的画面，感受这个画面的真实。重复这样的练习过程。

值得注意的是：当目标发生改变或者它已不再是你的目标时，你一定要重新审视自己到底想要的是什么。因为这时候，你已经对既定目标失去了兴趣，如果继续关注它，只会让你产生更多的疑惑和不自信，甚至感到失败，实际上不过是你自己有了新的想法而已。

另外，当你设定的目标实现以后，要给予自己肯定和鼓励，以便确定自己完成了一个冥想，可以开始下一个喜欢的目标了。

愿景冥想的三个要素

你冥想的事物能否成功主要取决于三个要素，只要你满足了这三个要素，那么，你的冥想变成现实的机会就大大增加了。

第一个要素是愿望。也就是你所冥想的那个事物必须是你真心喜欢或渴望的。

第二个要素是相信。你要始终坚定地相信你设定的目标会成为现实。

第三个要素是接受。就是要求你必须乐于接受你所冥想的事物，也就是说这个目标不仅是你真心喜欢的还必须是你愿意拥有的。

我们不妨把这三个要素归纳成一个词——意念。当你的意念越明确、越强烈时，你的冥想目标实现的可能性越大、实现的过程越容易。任何一个冥想的开始你都要审视自己的意念是否强烈，如果答案是否定的，那么就需要你反思自己，看看你的犹豫、怀疑和不确定究竟是因为什么。有时候，犹豫说明这个被选择的目标并不适合你，或者你不是真的想要实现它。而有时候，犹豫说明你在实现这个冥想目标的过程中可能会遇到一些情感或信念上的问题，你需要提前解决它们。

总之，在任何情况下，意念的强烈程度决定了你的冥想能够在多大程度上取得成功，所以你在设定冥想目标的时候，一定要选那些意念强烈的，只有这样，你的冥想才会见效，而你也才能取得真正的成功。

3. 自我同情冥想法轻松改善人际关系

我们受到的教育是要有同情心，要有爱心，而这些同情和爱几乎都被我们用在了他人身上，我们同情灾区人民的苦难，我们善意地对别人微笑，却很少同情自己。而自我同情冥想法就是让我们学会善待自己，让自己远离痛苦获得快乐。

经常做自我同情的冥想可以让你学着对自己好一点，自我同情也是一种自救，自己把自己拉出痛苦的深渊，然后快乐地享受每一天的生活。当你感到难过、失落的时候，当你找不到人可以诉说痛苦的时候，就让自我同情冥想法来帮助你消除痛苦吧！

需要你诚心同情的5种人

生活中，有5种人需要我们给予诚心的同情，这5种人分别是：

（1）你的恩人。每个人在生活中都会遇到或多或少的贵人。有了他们的帮助，你的生活更加平步青云。

（2）你的爱人和朋友。爱人和朋友是陪伴我们最多的人，生活中也正是因为有了爱情和友情才显得倍加美好。

（3）陌生人。人与人之间都是相连的，我们要用博爱之心把我们的同情心给予陌生之人。

（4）和你相处不是很好的人。有一句话说得好"感谢折磨你的人"，是的，正是因为有了这些人的存在，你才活出了更加坚强、更加出色的自己。

（5）你自己。每个人都不容易，特别是你自己，适当放松自己，原谅自己，你的痛苦也会因此而降低。

培养同情心的冥想练习很简单，方法如下：

选择舒适的冥想姿势，闭上眼睛，把注意力集中到你的呼吸之上。

回忆你和你的爱人或者朋友在一起时的情景，让内心洋溢着感激和钟爱的情绪。

然后，用你的移情能力去体验生活在水深火热之中的人们的苦难，向这些人的痛苦敞开自己的心扉，让同情和美好的祝愿自然而然地涌现在心田。为这些人许愿，可以在心中默默表达你充满同情心的感觉和祝福，也可以清晰地说出你的祝福，比如，"愿你不再痛苦，愿你早日安康"。

随着冥想的不断深入，逐渐让同情的感觉超越这些祝福的字句，浸润你的身心，让它充满你的心灵，充满你的胸腔，充满你的全身，越来越强烈。你感觉到内心的同情开始满溢而出，像光芒一样以你为中心向外放射。

慢慢地，将注意力重新返回到呼吸上，睁开眼睛，结束冥想。

坦然接受最糟糕的自己

你可能不知道糟糕的底线，最糟糕是什么状态，但是一定有一个自己是你不愿意回想、不愿意面对的。那个糟糕的自己被你关在角落里，会在你被压力包围的时候冲出来，将你逼进一个你更不愿意面对的境地。

没有人喜欢那个糟糕的自己，所以改变自己是件刻不容缓的事。这组面对糟糕自己的冥想练习也是采用坐姿，坐在椅子或是垫子上，在进入冥想之前，在自己的对面摆放一把空椅子或是一张空垫子。坐定以后，闭上眼睛，把糟糕的自己和糟糕的情境回忆起来，不需要难为情，更无需胆怯，勇敢面对是冥想的第一步。不论这个情境是多么艰难，都要勇敢剖析自己。

回忆这个情境时，不要批判任何人和任何事，否则情绪会随之卷走，不够专注。

面对这个心结，我们的解决办法不是逃避和躲闪，而是接纳自己，无底线、无条件地接纳。然后，睁开双眼想象着这个糟糕的自己就坐在对面的椅子上。调节呼吸，平静自己的心绪，默默对坐在对面的自己说："你也很辛苦。"接下来，低下头，左手抱右肩膀，右手抱左肩膀，把糟糕的自己抱入怀中。不需要指责任何人，不需要抱怨任何事，只需要无条件地接纳自己，承认自己的糟糕与曾经的失败。

在这组冥想练习中有些人会十分动情，有些人可能会痛哭失声。不管情绪状况如何，也不要去管时间长短，只需要自己可以多持续一会儿。

无条件地接纳自己是这个冥想的关键。接纳自己是成长的标记，接纳完全的自己，才能成熟坚强，治疗自己的创伤。从前的痛苦会转化成力量。

爱自己本然的样子

家庭疗愈大师萨提亚女士在《我是我自己》中写有一段话，全然地呈现出"我"的独一无二，我们不妨在冥想状态下品读这段优美的文字，让爱的能量在身体内流动。

"在这个世界上，没有一个人完全地像我。

"某些人有某部分像我；但，没有一个人完完全全地像我。

"因此，从我身上出来的每一点、每一滴，都那么真实地代表我自己。因为，是'我'选择的。

"我拥有一切的我——我的身体，和它所做的事情；我的大脑，和它所想、所思的；我的眼睛，和它所看到的、所想象的；我的感觉，不管它有没有流露出来——愤怒、喜悦、挫折、爱、失望、兴奋；我的嘴，和它所说的话，礼貌的，甜蜜的或粗鲁的，正确或不正确的；我的声音，大声或小声的；以及我所有的行动，不管是对别人或对自己的。我拥有我的幻想、梦想、希望和害怕。我拥有关于我的一切胜利与成功；一切失败与错误。

"因为我拥有全部的我，因此我能和自己更熟悉、更亲密。由于我能如此，所以我能爱自己并友善地对待自己的每一部分。

"于是，我就能够做我最感兴趣的工作，我知道某些困惑我的部分和一些我不了解的部分。但，只要我友善地去爱我自己，我就能够有勇气、有希望地寻求途径来解决这些困惑，并发现更多的自己。然而，任何时刻，我看、我听、我说、我做、我想或我感觉，那都是我。这是多么真实，表现了那时刻的我。过些时候，我再回头看我所看的、听的、我做过的、我所想、所感觉的，有些可能变得不合适了，我能够丢掉一些不合适我的，保留合适的，并且再创造一些新的。我能看、听、感觉、思考、说和做。我有方法使自己觉得活得有意义、使自己亲近别人、使自己内心更丰富，想法更有创意，并且明白这世上其他的人和我身外的事务。我拥有我自己，因此我能驾驭我自己。

"我是我，而且我是最好的。"

我们要学会爱自己本然的样子，接纳与欣赏这样的自己是最正确的选择。

在冥想中强化你的移情能力

所谓移情，顾名思义就是转移你的感情，对问题要进行换位思考，懂得移情，知道他人所思、所想、所感，是一个人拥有高情商的表现。高情商者在社交活动中不盲目，不糊涂，他们能够根据对方的心灵活动来采取相应的对策，因而能获得良好的人际关系，取得较大的成功。移情就是"感人之所感"，并能"知人之所感"，意思是既能分享他人的情感，对他人的处境感同身受，又能客观理解、分析他人情感的能力。

以下是可以增加自己移情能力的冥想练习。值得一提的是，这个冥想练习是需要你在与人实际的交往过程中进行的，因此，在做这个冥想练习时不要让他人觉得你太失礼。

首先，自信观察对方，包括他的动作、手势、语言、语调，等等；想象自己模仿这个人的动作语言，会是什么样的感觉。如果对方不觉得唐突，你可以真实演练一下，体会一下这样做时的感觉。

其次，注视着对方的脸和眼睛。人的面部表情虽然转瞬即逝，却能真实地反映出他内心的感受。人的眼睛是心灵的窗户，凝视一个人的眼睛，能够捕捉到他的内心。放松自己的身心，尽量让自己和对方产生情绪上的共振。

猜测对方现在正在想什么。然后，你可以和他一起，检查一下你刚刚所感受到的他的情绪是否准确。你可以询问对方"你刚刚是不是感觉到这样沉闷的天气让你很心烦"或者"你看上去有点不高兴"这样的问题。值得注意的是，当你进行这样的询问时，一定不要用争辩或者审查的语气来陈述你的观点，而是要用关心对方的语气。

移情能力充满谦恭和抚慰，常常能够激起别人善意的回应。因此，在人际交往中，当我们时刻能够站在别人的位置上思考问题时，我们一定能体会到人际关系的奇妙跃升。

我们不能让所有人都满意

舆论是世界上最不值钱的商品，每个人都有一箩筐的看法，随时准备加诸于人身上。不管别人怎么评价，都只是他们单方面的说法，有很多是没有经过认真思考的，事实上并不会对我们造成任何影响。

在这个世界上，没有任何一个人可以让所有人都满意。跟着他人的眼光来去的人，会逐渐暗淡自己的光彩。

生活在别人的眼光里，就会找不到自己的路。我们每个人的眼光都有不同。面对不同的几何图形，有人看出了圆的光滑无棱，有人看出了三角形的直线组成，有人看出了半圆的方圆兼济，有人看出了不对称图形特有的美。

不要让众人的意见淹没了你的才能和个性。你只需听从自己内心的声音，做好自己就足够了。哈佛学者说，自己的鞋子，自己知道穿在脚上的感受。我们无论做什么，一定要对自己有一个清楚的认识，不要轻易地被别人的见解所左右，这才是认识自己和事物本质的关键所在。

4种方法，让亲密关系安全而甜蜜

亲密关系是心理学家热衷的话题，更具心理学家的研究，亲密关系容易给人带来很多心理问题，特别是在儿童时期。很多时候我们都会有这样的体会，当我们和某人关系非常亲密时，我们反而会有些无法敞开自己的内心。下面为大家提供了4种方法，让你在拥有与他人的亲密关系的同时，能够有更多的安全感，能够更毫无顾忌地敞开内心。

第一，时刻关照自己的感受。在很多亲密关系中，对方都给予了彼此太多的关注，从而忽视了自己的感受。其实，如果我们能够在亲密关系中"自私"一些，更多地关照自己的感受，能够让亲密关系更和谐与稳固。关注自己的感受包括方方面面，比如感受自己的一呼一吸，当拥抱时体验自己的身体感受，感受这种亲密关系给自己带来的幸福感，等等。

第二，关注自己的意识。关照你的意识，就是让你把你的意识和其他人带给你的感受区分开来，单纯地观察自己意识到了什么。

第三，发挥你的想象力。想象力有着强大的力量，你不妨把这种力量运用到亲密关系的维护上来。比如，你身边有一个十分爱慕你的人，他总是向你表达他的爱意。这时候，你可以把自己想象成一棵坚挺的大树，那个人强烈的爱意就好像是风，风吹过枝叶树会有所颤动，但是风总有停下来的时候，而大树始终屹立不倒。

第四，对任何人不要有完全的依赖。依赖是你相信，你生命中最大的满足来自于关系，如果没有爱，就像没有空气没有食物，就好像鱼没有水一样。依赖型的人总想靠近对方，越靠近越好，依赖型的人不认为空间是有价值的。而依赖别人的人总是会在亲密关系中受到伤害。同时，也会让被依赖的人感到惶恐不安。因此，在任何亲密关系中，我们都要保证给对方同时也给自己足够的独立空间。

依照上述四种方法维护你的亲密关系，相信你一定能够每天被爱和幸福浸润。

停止对他人的批判

当你意识到你的头脑正在批评某个人的时候，也许你只是对擦肩而过随手丢纸屑的人不满，也许这种批评只存在于你的头脑中，你可以注意一下这时候你的脸部和身体有没有变化，你的眼部和嘴巴的表情又是怎样的，是不是让你有一种紧绷的感觉？然后你可以转移自己的情绪，深呼吸，问自己这个人身上是否有一些美好的品质会让你觉得心情舒畅。当你开始这样转移自己的注意力时，你再注意你的呼吸发生了怎样的变化。当你开始习惯于注意你身体各部位的感官时，你会发现它们随着你的呼吸也相应地起了变化，而你也会在瞬息间感到释然和轻松。

当你熟悉了这一过程后，就可以以一种全新的方式来应对那些经常与你发生冲突的人。所以，下一次，当某个人气势汹汹地跑到你面前时，你可以做这样的冥想：

首先，做一个深呼吸，承认你现在的情绪正因为对方的挑衅而起着变化。而你的情绪之所以会有这样的变化，可能是因为你对攻击的恐惧性，或者其他原因，无论如何，你都要承认自己有这种情绪，不闪躲、不回避。

这样做能让你放松下来，提醒自己："你是没问题的，这并非是针对你的人身攻击，而是因为有人感到受伤了但又不知道如何应付罢了。"而且事实也的确如此，往往这种攻击是因为充满攻击性的人自己感受到不受尊重、不被欣赏和接受，这些表面的下面隐藏的是一个受伤的自我。

所以，比起争执、抱怨，或以某种方式惩罚对方，你可以深入观察对方，体会对方的需要和伤痛。

假如你把你的注意力从针对对方充满各种批判的头脑上移开，随着呼吸深入胸腔而转向对你攻击的人，你便会真诚地感觉到对方会这样做的起因，发现他们缺少了什么，他们需要什么。如果你乐意的话，你可以在不妥协不委屈的前提下以自己的方式给予对方所需，也就避免了一场不必要的争执。

学会对彼此真正发生的真实内在做回应，而不是藏在盔甲下各自碰撞，这样容易伤了彼此的关系，还不利于真正问题的解决。如果你能真正做到这一点，你会发现你与他人的关系产生了奇妙的跃升。

人际冲突的背后是一个受伤的自己

唯一能改变的那个人就是你自己！

回忆一下上一次让你不知道如何是好的某个人，闭上眼睛回想一下当时的情景，试图让每一个细节都历历在目，并且回忆起你当时的感受。问问自己，那是一种令人愉悦的感受吗？它能滋养我吗？它对我的身体有好处吗？它使我感觉开放还是收缩、温暖还是寒冷、坚硬还是柔软？我会希望我的好朋友有同样的感觉吗？

当你再去感受那个情景的时候，你会看到你在要求别人改变的时候，你是如何伤害自己和伤害别人的。你会让别人感到难堪，而因为难堪，他开始抵抗，你越试图去改变别人，别人就越是抵抗，在这样的恶性循环中，你们两个都受到了伤害。

所以说，企图改变他人就像是用鸡蛋撞墙。

问问自己：改变他人真的是我的责任吗？这样尊重他们吗？你会得到怎样的答案呢？

你的头脑也许会说："让他们改变当然是为了他们好，他们没有看到自己的缺点和坏毛病，我给他们指正了，他们会有更好的进步呢。"

但是你的"感觉"却会觉得这样做有点不合适，你有什么资格去评判别人？难道你是没有缺点的完人吗？

让我们认清事实：别人无意识的行为激怒了你，但是那个反应却是属于你的，是因为你被爱、被尊重的需求没有被满足，或者是你总是充满了不切实际的期待。

你希望从别人身上得到快乐的原因，是不是都和自己期望被爱、被需要、被尊重有关呢？你不切实际地希望别人去理解和满足你的需求，而你的需求是能通过他人来满足的吗？满足自己的需求是他们对你的责任吗？

你可以继续指责他人，继续实践着要改变他们的想法，但是，这样做确实能给自己和他人带来好处吗？或者，你可以在与他人相处的过程中采取更智慧的方式。

再问自己一次：为什么我要坚持改变这个人？假如你能对自己坦诚相见，那么你会看到一个受了伤的自我对别人说："你忽视了我，你不爱我，你不尊重我。"诸如此类的话。

原来，隐藏在我们和别人发生冲突的背后是一个感受不到被爱、被接纳、被尊重的自我。知道了问题的所在，我们就要寻求解决问题的妙方灵药了。不妨从给自己更多的尊重和欣赏作为开始，因为，你开始自我欣赏与自我接纳，那么，别人对你的态度就不易影响到你了，你也就不再需要仰赖别人对你的态度来评价自己了。由此一来，一种全新的沟通开始在你与他人之间产生。

练习宽恕别人的冥想

要想化解怨恨之心，先要消除恐惧之心。当我们恐惧的时候，我们很难做到集中意念，因此，我们一定要先消除恐惧。当你的所言所行都流露出从容的姿态时，宇宙的力量就会帮助你。如果我们不改变自己，那么我们一辈子都会是一个无能的受害者，生活将黯淡无光。相反，如果我们能够消除心中的恐惧和怨恨，那么我们的力量会从四面八方而来，我们将转败为胜，拥有美妙的未来。

在明白宽恕的重要性之后，我们就要去实践宽恕，下决心对所有伤害过我们的人说："虽然你曾经伤害过我，但是我将选择宽恕，我将忘记仇恨，让你自由自在。"——这就是"结怨解怨"。这是一句很神奇的话，你放过了他人，同时，你自己也将不再被仇恨所囚禁。

有一个古老的冥想方法能够帮助你化解心中的怨恨。找个安静的地方坐下，闭上眼睛，让你的头脑和身体放松下来。比如，想象你正坐在黑暗的剧场里面，你面前有一个小的舞台，你最憎恨的人就在舞台上站着。这个你最憎恨的人可以是你过去生活中出现过的人，可以是正在烦扰你生活的人，可以是已经去世的人，也可以是仍然活着的人。现在你能清清楚楚地看着他，想象这个人身上正在发生好的事情，你看到他开心地笑了，让这个场景持续几分钟的时间，然后让他慢慢退去，想象着你自己走到了这个舞台上，你看见你经历了让自己高兴的事，你看见自己开心地笑了。这时候，你就能意识到宇宙的博大能够容下我们所有的人。

尝试这个冥想练习之后你会发现它有着惊人的效果，以前烦扰我们的事情，让我们痛苦的事情大部分都会随着这个练习而消失。你可以每天进行这个练习，每天更换舞台上的对象，经过一个月甚至更短的时间，你就会感觉身心轻松。

我们的宽恕能成就他人

一日之始就对自己说：我将遇见好管闲事的人、忘恩负义的人、傲慢的人、欺诈的人、忌妒的人和孤僻的人。他们染有这些品性是因为他们不知道什么是善、什么是恶。可是如果我们能够分清楚什么是善、什么是恶，就应该对那些无知的人表现出同情和谅解。因为不管他们是什么人，都是我的同伴，即使眼前还没有合作的机会，但是不知道哪一天，我们终究会相遇。

小提琴演奏家艾德蒙先生曾经历了这样一件事。有一天，当他走进家门的时候，突然听到楼上卧室里传来了小提琴的声音。

"有小偷！"艾德蒙先生马上反应过来，并急忙冲上楼。果然，一个大约13岁的陌生少年正在那里摆弄小提琴。他头发蓬乱，脸庞瘦削，不合身的外套里面好像塞了某些东西。他被艾德蒙先生抓了个正着。

那少年见了艾德蒙先生，眼里充满了惶恐、胆怯和绝望，那是一种非常熟悉的眼神，刹那间，艾德蒙先生想起了往事……愤怒的表情顿时被微笑所代替，他问道："你是丹尼斯先生的外甥琼吗？我是他的管家。前两天，丹尼斯先生说你要来，没想到你来得这么快！"

那个少年先是一愣，但很快就回应说："我舅舅出门了吗？我想先出去转转，待会儿再回来。"艾德蒙先生点点头，然后问那位正准备将小提琴放下的少年："你也喜欢拉小提琴吗？""是的，但拉得不好。"少年回答。

"那为什么不拿着琴去练习一下呢？我想丹尼斯先生一定很高兴听到你的琴声。"他语气平缓地说。少年疑惑地望了他一眼，又拿起了小提琴。

临出客厅时，少年突然看见墙上挂着一张艾德蒙先生在歌德大剧院演出的巨幅彩照，身体猛然抖了一下，然后头也不回地跑远了。

艾德蒙先生确信那位少年已经明白是怎么回事，因为没有哪一位主人会用管家的照片来装饰客厅。

那天黄昏，回到家的艾德蒙太太察觉到异常，忍不住问道："亲爱的，你心爱的小提琴坏了吗？"

"哦，没有，我把它送人了。"艾德蒙先生缓缓地说道。

"送人？怎么可能！你把它当成了你生命中不可缺少的一部分。"艾德蒙太太有些不相信。

"亲爱的，你说得没错。但如果它能够拯救一个迷途的灵魂，我情愿这样做。"见妻子并不明白他说的话，他就将经过告诉了她，然后问道："你觉得这么做有什么不对吗？""你是对的，希望你的行为真的能对这个孩子有所帮助。"妻子说。

三年后，在一次音乐大赛中，艾德蒙先生应邀担任决赛评委。最后，一位叫里奇的小提琴选手凭借雄厚的实力夺得了第一名。颁奖大会结束后，里奇拿着一只小提琴匣子跑到艾德蒙先生的面前，脸色飞红地问："艾德蒙先生，您还认识我吗？"艾德蒙先生摇摇头。"您曾经送过我一把小提琴，我珍藏着，一直到了今天！"里奇热泪盈眶地说，"那时候，几乎每一个人都把我当成垃圾，我也以为自己彻底完了，但是您让我在贫穷和苦难中重新拾起了自尊，心中再次燃起了改变逆境的熊熊烈火！今天，我可以无愧地将这把小提琴还给您了……"

里奇含泪打开琴匣，艾德蒙先生一眼瞥见自己那把心爱的小提琴正静静地躺在里面。他走上前紧紧地搂住了里奇，三年前的那一幕顿时重现在艾德蒙先生的眼前，原来他就是"丹尼斯先生的外甥琼"！艾德蒙先生眼睛湿润了，少年没有让他失望。

因为同情与宽容，艾德蒙先生成就了一个音乐奇才。可是，生活中，却很少有人能够谅解自己的朋友，他们会忌妒，会斤斤计较，会猜忌，所以不管是怎样的人在他们的身边，他们都会觉得很痛苦。抛开挑剔与苛责的想法吧，对别人宽容一些，你就能放下心中的包袱，感受到与人和平相处的快乐。

冥想五持戒，帮助改善人际关系

帕坦伽利——伟大的瑜伽大师——将他的八支分法瑜伽建立在五持戒的基础上。这五条戒律涉及个人的正直、自制力、对他人的尊重和各种生活方式，帕坦伽利称之为思想语言和行为上的节制。

如果每当激质或翳质变得不当时，我们都能立即回到纯质的状态，我们就自动地在运用帕坦伽利的五持戒，即"伟大的誓言"或"生存规则"。

冥想时将注意力放在五持戒之一，练习者可以探索其中的启发，并在冥想后付诸实践，改善与外界以及他人的沟通。

不杀生

不杀生是指杜绝暴力、侵略、专制和对包括人类在内的所有生命的伤害，它是世界上的普遍原则，也是其他四条原则的基础。沉思的冥想至少花半个小时的时间安静地进行帕坦伽利介绍的冥想持戒练习之一。过一段时间，练习者就会希望练习的时间更长。此时，计时器对于练习者来说就会很有用，它可以使练习者知道什么时候停止冥想，以留下充足的时间来记录冥想中出现的想法，之后再认真思考。

不妄语

不妄语原则即克制欺骗、虚伪、隐瞒，而应追求真理。帕坦伽利关于自我意识的练习有助于练习者认清和接受自身，同时也使练习者更清楚地认识到随时随地都可能发生的自我欺骗和蓄意歪曲，可以减少被花言巧语蒙骗的机会，将更多的注意力集中在真相上。

不偷盗

利己心和对利益的追逐都源于一种想法："别人的东西是我的，我的东西也是我的。"不偷盗就是指杜绝偷窃，欺骗。帕坦伽利关于自我臣服的练习可以放松对"我和我的"的把持，直到练习者意识到自己什么都没有：财产是生不带来死不带去的。在生活中我们使用和享受的一切都只是借来的。

不纵欲

不纵欲就是指杜绝性欲和贪念，这种欲望都属于激质性质，只会让我们耗散掉生命能量。不纵欲一般是与禁性欲相关，但是事实上它涉及各种各样的欲望和贪婪。不纵欲即尊重我们体内的生命力，将其引向个人的发展而不是个人的满足。与他人的合作关系可以支持生命和个人发展，但是欲望却起到相反的作用。

不贪婪

第五点持戒是指节制以自己的利益为目的获取和聚藏钱财，看待自己是看自己有什么而不是自己是谁。保持简单的生活可以避免将时间、金钱和能量整天花在担心物质利益上。不贪婪可以使自身更多地关注更值得追求的东西和更充实的生活本身，而不是追求一些物质性的东西。

4. 融入世界，你的天空就会很晴朗

拥抱真实的自己

宇宙冥想法就是让你静下来，探索自己、审视自己、发现自己的缺点、正视自己内心的过程。

深呼吸，放松身体，眼睛睁着还是闭着根据你自己的喜好而定，关注你的身体变化，体会它随着吸气和呼气产生的感觉，在这个体察的基础上，用旁观者的身份感受你刚刚的体察行为。同时关注你的意识深处的各种想法，但不对它们做任何评论，不受其影响，只是简单地观察，像在阅读故事或者欣赏电影，做个局外人。任由各种过往和感受像走马灯一样在你眼前穿梭，伴随着因它们而冒出的喜欢或讨厌的念头，你不需要理会它们，只让其自由发挥，或浮现或淡化，最后消失不见。

然后把时间定在眼前这个时刻，无关乎过去与未来，也和其他任何时刻没有牵绊，只有当下的时刻，你也不用回想过去不用计划未来，不用联想任何事物，紧紧跟着现在这个时刻，什么都没有，什么都不是。现在，开始体验你的意识之外的那些想法之间的空隙，感受这些空隙带给你的空间本身和它涵盖的内容之间的差异。举一个简单的例子，比如你正在想的是"我呼吸着维持生命的氧气"，然后查看你有这个想法之前和之后的感受，也许你会发现一些安定人心的喜悦，一些潜在的能力和一片可以随意利用的空白空间。

接着感知这个空间的性质，它的宁静、安稳、广阔和空白，你可以随时依赖着它，因为它可以容纳任何想法和念头，而且不会被那些事物取代、影响。你也不需要给这个空间定义，因为这个定义本身就是意识之外的客观存在，也是可以被它容纳的一个想法，你要做的就是感知它的存在，体会它向你展示的无限能量。

最后的冥想时间里，你可以随心所欲地探索空间的其他性质，当然和前面一样，只是单纯的感受，不需要评论，不需要概括它的属性。你可以体会一下是不是这个空间本身就在散发着光芒，体会它是不是本来就包含着一些感情，或者观察一下闪过其中的各种意识客体能不能对它产生一点影响。

宇宙冥想法可以帮助你关注自己的内心世界，探索自己的缺点和优点，然后结合甜蜜冥想法就能把它们转化成让你愉快的感觉，不再被自己的"恶意"折磨，摆脱面具人的身份，拥抱真实的自己，享受体验美好事物的心情。

和自己手拉手去散步

一个人独自去散步，是退居恬静生活的有效方法，也是一种变相的慢走冥想。

一个人散步，没有可以交谈的对象，自然是有点沉闷，有点儿形单影只。但一个人散步，却又有着许多一个人的好处：可以随意地选择或改变要走的路线，而不用与人商量，也不用担心别人反对或者不悦；可以随处站着或找一块石头小坐片刻；也可以看看天空，看看月亮，看看星星，想一些关于宇宙的神话、传说，也别有一番情趣。

独自散步，除了锻炼身体的意义外，更多的好处还在于思想。人在自由状态的运动中，比正襟危坐在书桌前更利于思考和想象，更有利于冥想的顺利展开。有时你会不由自主地自言自语起来，似乎有一个看不见的人和你走在一起。事实上，这时你真的不是一个人，因为在你的心灵中，这时一定有一个人在陪伴着你。也许是一位红颜知己，或者是一位忘年之交，不管他或她是远在他国或已辞别人世，在你独自的散步中，他或她就会出现在你眼前。你们继续着以前的话题，关于一首诗，关于一篇有趣的故事，你们交谈着甚至争执着……许多新鲜的念头，也会像闪电一样，穿过厚重的云层闪耀出来，让你感到震撼和炫目。确实，许多有价值的思想，许多的灵感，就是在这种独自散步中产生出来的。在独自散步中，很少有孤独的感觉。因为真正的孤独是心灵上的孤独而非形式上的孤独。有时在节日里，在晚会上，在人群中，你反而会感受到一种无法承受的孤独。那是一种找不到朋友，也丧失了自在的自我之后的一种大孤独。

独自散步犹如心灵解锁，个中滋味是除了独自散步者而不能体会的。人的心灵，其实是个囚室。所谓辛苦，其实便是心苦。天长日久，心灵忧郁，盘绕在心头的烦恼便会"剪不断，理还乱"，形成死结。独自散步时，你置身室外旷野，便可以让袒露的心灵在大自然中放牧；独自散步宛若灯下读书，个中情趣也是非夜读者所能知晓的。

接受不完美，才能完美地呈现本真的自己

我们能够认识到却又不承认自己拥有的一些特质，并给它们贴上各种"消极"的标签：胆小、易怒、贪婪、自私、懒惰、丑陋、轻浮、脆弱、报复心、控制欲……我们认为这些都是坏的，并不想要它们，因此极力掩饰和压抑它们的存在，不让他人甚至自己再看

到它们出现。然而，这些特质并不会因为我们的否认而消失，也不会随着我们的压抑而死亡，它们虽然被隐藏起来了，但依然在发挥着作用，依然悄悄地影响着我们对自己的认同感。当我们偶然接触到自身不完美的一面时，第一反应往往是想要逃避，想撇清与这些"消极"特质的关系，哪怕花费大量的时间和金钱也在所不惜。然而，恰恰这些特质是最需要我们关注的，因为它们可以给我们带来最宝贵的收获。

完美本身并不存在，它实际上是一个比较的结果。当我们心中有了分别心后就会产生比较，由此才产生了完美和不完美。在我们为不完美而痛苦时，我们实际上加剧了不完美和完美之间的矛盾。当我们没有分别心，开始接纳自己存在的特质时，我们就不会再去区分完美与不完美，不完美自然消失了。

大多数人都对自己的不完美感到恐惧，不愿正面以对，却不知道只有接纳自己的不完美，找回完整的自我，我们才能获得真正充实幸福的生活。我们应当时常通过冥想提醒自己，当我们不再去刻意压抑，而是开始喜悦地接纳自己身上存在的任何不完美的特质时，我们的"完美"与"不完美"就没有了界限。

展开无我意识的探险

让内在和谐，首先就要做到摆脱小我的控制，将自己的意识与小我的追求剥离开来。你的主宰是自己，而不是小我，它只会让你努力追求一些对自身毫无价值的东西，当你被它控制、失去自己意识的时候，它却躲在你心里的某个地方暗暗发笑。而当你摆脱了它的控制时，你的心灵就会感到前所未有的澄澈与清明。

在你舍弃了小我以后，你需要为自己再培养一种意识：无我的意识。无我的梵文意思是"无私的奉献"，也就是为了他人的利益以及世界的和谐而奉献出自己的全部能量与精力。在这种意识中，你会与整个世界连接在一起，没有我，也没有你，整个世界是一个巨大的整体。在你努力地开展无我意识的探险，将自己的能力与整个世界连接之后，才能得到真正丰硕的回报。

世界上的所有事物都是一体的，如果每个人都受控于各自的小我，那么势必会割裂这种关系。当所有事物都单独存在的时候，整个世界将不会产生和谐的能量。而无我意识恰好是让世界恢复和谐的推动力，当我们舍弃了小我的追求，我们的精神就到达了一个更高的层次，让整个世界再次形成为一个整体。

我们不妨多培养自己的这种无我意识，多留心与身边每一个人的能量互动，让自己的身心多产生一点无私的能量。这些由我们内心散发出的爱与和谐的力量，虽然微小，却足以让身边的人感受到我们的爱与温暖。一旦我们展开了这种无我意识的探险，整个世界就会显露出和谐的本质，让我们获得来自它的力量，实现想要的人生。

5. 甜蜜冥想，与真实的自己相处

甜蜜冥想

生活不总是一帆风顺的，我们总是会遭遇到各种打击和挫折，如果一个人心里充满了负面情绪，心情只会越来越糟糕，可能会由一次打击想到以往所有的失败经历，这时候最好的解决办法就是用另一种积极的情绪中和它，用越来越多的积极情绪将消极悲观消灭掉，扼杀它增长的趋势。而甜蜜冥想法就是用愉悦的感受帮助你发现快乐、摆脱消极情绪。

找一个安静的环境，放松下来，回味你在生活中经历过的美好事物，重点关注那些微小的、容易被忽视的愉快感受，例如收到一份礼物，吃到久违的美味，闻到的清新花香，或者是一次愉快的旅行经历，在工作上被肯定的策划或创意等。你可以想象一只鸟在天空翱翔，每片羽毛都被风轻轻抚过，体会它的自由欢乐。

现在闭上眼睛，走进你所能想到的美好画面，让自己去体会感受它们，融入到它们当中，心甘情愿被它们感染。尽量长时间地沉浸在这种状态里，保持积极乐观的心境，并且慢慢延长时间，从 5 秒到 10 秒，再到 15 秒、20 秒。把你全部的注意力都放在这里，不要被其他事情所影响。

然后，让体会到的愉悦感受尽可能强烈地充满身体，比如，回想一下小时候被妈妈抱在怀里的温暖感觉，或者是被恋人照顾时的甜蜜，让这些美好的感觉在你身体里膨胀。你还可以通过其他方法让愉快的感觉更加强烈，比如你有意识地对过去的某件事进行加工，克服过一个困难，通过回想你在过程中遇到的各种挫折来加强你现在的成就感，你感到轻松、满足、快乐。或者你被一个人帮助后，回想其他人也曾对你有过关心爱护，这会让你加深被爱的幸福感。努力把愉快的感受深入你的大脑和心里，把它们想象成渗进海绵里的水，吸进肺里的氧气，射入海底的阳光。全身放松，接纳这些感觉带给你的情绪、想法。最后，想象这些愉快的体验已经被你吸收，它们被转化成乐观的能量存在你体内。此时，你就可以随时结束冥想了。

如果能坚持做这种甜蜜的冥想练习，你就会变得越来越乐观积极，可以轻松摆脱消极悲观的情绪，你对未来也会充满信心和希望。不一定非要面对不幸时才用，平时生活中你可以随时进行这种练习，让这种幸福甜蜜的感觉时刻包围着你，并感染着你身边的人。

打开你的喜乐中心

闭上眼睛，做几次深呼吸，让自己彻底放松下来，忘掉所有的焦虑、紧张、压力和不安，放松你身体的每个部位，先从头开始，然后是肩膀和手臂，接着是躯干、臀部，最后是双腿和双脚，让自己进入深度放松的状态中。

现在开始进入 α 状态，打开你的潜意识，努力进入更深层的 α 状态中，可以利用默数数字的方法帮助自己。然后，回想你曾经历过的所有快乐时光，想象你的感觉，想象你正在开心的大笑，你的笑容是那么的灿烂。聆听你的笑声，感受其中的喜乐、美好。享受这种感觉，记住这种温暖的味道。

你要刺激大脑中情绪中枢处的透明中隔，因为那是你的喜乐中心，它可以让你变得更加快乐。想象你进入了大脑里，跟随你的潜意识向喜乐中心靠近。把你的喜乐中心想成一湾碧潭，你用手拨动清澈的潭水，一定要用非常轻柔的力度，然后你感觉到水波的颤动，感到快乐像涟漪一圈一圈地漾开，越来越多，感到你被快乐的水花击中。快乐的感觉从你的大脑传遍你的全身，就连你的手指和脚趾都感到了快乐的波动。你开始微笑，并且笑容在你的脸上蔓延，越来越大，你不用控制它，只需尽情地欢笑，你会感到十分的快乐满足。

记得时常开启你的喜乐中心，它可以帮你赶走所有的负面心情，随时给你积极乐观的能量。所以，鼓励你的喜乐中心，让它时刻荡漾着美丽的涟漪，让你的潜意识时刻处于快乐的氛围中，让你的身体的所有部位，所有关节，甚至是所有的血液都感到快乐。你整个人将始终保持喜乐的心境。

博大的心量让你品尝到更多的甜蜜

从前有座山，山里有座庙，庙里有个年轻的小和尚，他过得很不快乐，整天为了一些鸡毛蒜皮的小事唉声叹气。后来，他对师父说："师父啊！我总是烦恼，爱生气，请您开示开示我吧！"

老和尚说："你先去集市买一袋盐。"

小和尚买回来后，老和尚吩咐道："你抓一把盐放入一杯水中，待盐溶化后，喝上一口。"小和尚喝完后，老和尚问："味道如何？"

小和尚皱着眉头答道："又咸又苦。"

然后，老和尚又带着小和尚来到湖边，吩咐道："你把剩下的盐撒进湖里，再尝尝湖水。"弟子撒完盐，弯腰捧起湖水尝了尝。老和尚问道："什么味道？"

"纯净甜美。"小和尚答道。

"尝到咸味了吗？"老和尚又问。

"没有。"小和尚答道。

老和尚点了点头，微笑着对小和尚说道："生命中的痛苦就像盐的咸味，我们所能感受和体验的程度，取决于我们将它放在多大的容器里。"小和尚若有所悟。

老和尚所说的容器，其实就是我们的心量，它的"容量"决定了痛苦的浓淡，心量越大烦恼越轻，心量越小烦恼越重。心量小的人，容不得，忍不得，受不得，装不下大格局。有成就的人，往往也是心量宽广的人，看那些"心包太虚，量周沙界"的古圣大德，都为人类留下了丰富而宝贵的物质财富和精神财富。

一个人的心量有多大，他的成就就有多大，不为一己之利去争、去斗、去夺，扫除报复之心和忌妒之念，则心胸广阔天地宽。当你能把虚空宇宙都包容在心中时，你的心量自然就能如同天空一样广大。无论荣辱悲喜、成败冷暖，只要心量放大，自然能做到风雨不惊。

寒山曾问拾得："世间有人谤我、欺我、辱我、笑我、轻我、贱我、骗我，如何处之？"拾得答道："只要忍他、让他、避他、由他、耐他、敬他、不理他，再过几年，你且看他。"如果说生命中的痛苦是无法自控的，那么我们唯有拓宽自己的心量，才能获得人生的愉悦。通过内心的调整去适应、去承受必须经历的苦难，从苦涩中体味心量是否足够宽广，从忍耐中感悟黑夜中的成长。

心量是一个可开合的容器，当我们只顾自己的私欲时，它就会越缩越小；当我们能站在别人的立场上考虑时，它又会渐渐舒展开来。若事事斤斤计较，便把心局限在一个很小的框架里。这种处世心态，既轻薄了自身的能力，又轻薄了自己的品格。

心量是大还是小，在于自己愿不愿意敞开。一念之差，心的格局便不一样，它可以大如宇宙，也可以小如微尘。我们的心，要和海一样，任何大江小溪都要容纳；要和云一样，任何天涯海角都愿遨游；要和山一样，任何飞禽走兽，都不排拒；要和路一样，任何脚印车轨都能承担。这样，我们才不会因一些小事而心绪不宁、烦躁苦闷！

将不计功利的快乐融入生命

在我们进入社会后，我们被很多名誉、利益和角色束缚，可以做龙王的只能做青蛙，只能做青蛙的偏偏成了龙王。但是这一切，没有人可以帮助我们，除了我们自己解救自己。当我们释放了自己的愤懑、不满，放下计较、得失与纠缠，就会发现做龙王和做青蛙其实没什么大的区别，只要能够一切都顺其自然，安心做好自己，那么芸芸众生也就各复其根了。在这样的时候，我们看世界的眼光不再挑剔，我们面对世界的态度不再矫情，生命就随着自然的状态开放、凋谢，然后等待下一个春天。

人来到这个世界后，一开始无忧无虑，因为需求的东西少，负担少，所以得到的快乐也就多。随着自己想要得到的东西不断地增加，要求不断地提高，各种各样的负担和烦恼也由此而生，除了苦苦追寻要得到的一切之外，再也没有时间去想自己是不是过得快乐。到了最后，终于明白了这个问题，但生命的脚步却越走越远。

庄子在《内篇·逍遥游》中说："朝菌不知晦朔，蟪蛄不知春秋，此小年也。"意思是说：树根上的小蘑菇寿命不到一个月，因此它不理解一个月的时间是多长；蝉的寿命很短，生于夏天，死于秋末，它们不知道一年的时光。它们的生命都是短暂的，一般人觉得它们可怜。然而，这只是人类眼中的人世，如果天地间有一个巨人，它拥有五百岁的寿命，那么它看人就如人看蝉一样，觉得可悲可怜。所以，生命的长短想来总是有界限的，唯一没有界限的便是在这短暂的人生里，我们可以融进无穷的快乐。

世间人，有一种情怀是不问结果的，这也是对生命自信的一种挥洒。人在社会中需要经受各种的考验和煎熬，心慢慢变冷，像一颗坚硬的蛋。可假如经历过尘世风雨的洗礼，依然能够用阳光一样的微笑来地面对世界，这样的心态才是最为宝贵的快乐与真情。

越简单越快乐

时常我们认为很简单、很平常的东西，往往蕴含着一些我们真正需要的智慧。简单不意味着简陋，而是在对复杂的道理深思熟虑后的简约，是灵巧的技师萃取的精华。就像智者说的："在五光十色的现代世界中，应该记住这样古老的真理：活得简单才能活得幸福。"

一只小鸡破壳而出的时候，刚好有只乌龟经过，从此以后，小鸡就打算背着蛋壳过一生。它受了很多苦，直到有一天，他遇到了一只大公鸡。

原来摆脱沉重的负荷很简单，寻求名师指点就可以了。

一个孩子对母亲说："妈妈你今天好漂亮。"母亲问："为什么？"孩子说："因为妈妈今天一天都没有生气。"

原来要拥有漂亮很简单，只要不生气就可以了。

有一家商店经常灯火通明，有人问："你们店里到底是用什么牌子的灯管？那么耐用。"店家回答说："我们的灯管也常常坏，只是我们坏了就换而已。"

原来保持明亮的方法很简单，只要常常换掉坏的灯管就可以了。

有一支淘金队伍在沙漠中行走，大家都步伐沉重，痛苦不堪，只有一人快乐地走着，别人问："你为何如此惬意？"他笑着说："因为我带的东西最少。"

原来快乐很简单，只要放弃多余的包袱就可以了。

简单是一种美，是一种朴实且散发着灵魂香味的美。

简单不是粗陋，不是做作，而是一种真正的大彻大悟之后的升华。

简单地做人，简单地生活，是最朴素的幸福哲理。金钱、功名、出人头地、飞黄腾达，当然是一种人生。但能在灯红酒绿、推杯换盏、斤斤计较、欲望和诱惑之外，不依附权势，不贪求金钱，心静如水，无怨无争，拥有一份简单的生活，不正是一种幸福人生吗？

追寻欢愉的本性

在常人看来，人世的各种悲欢离合常常会引起很大的情绪波动，人们因着害怕或极力避免这些情况而患得患失，影响了自己的生活。死生、荣辱、苦乐所有这些事情都同样地发生于善人和恶人，它们并不使我们变好或变坏，并不能真正影响到我们的灵魂，影响我们灵魂的是我们自己对于悲欢离合的态度。

其实，所有的事物消失得都很快。在宇宙中是物体本身的消失，而在时间中是对它们的记忆的消失。这就是所有可感觉的事物的性质，特别是那些伴有快乐的诱惑或骇人的痛苦的事物，它们将消失得更快。

对于转瞬即逝的事物，念念不忘地萦绕于心，这种心态已经过分执着，不利于心灵的成长。

真正的勇士，即使是面对疾病或痛苦，他们都能保持一如既往的冷静，都能以一颗平常心来对待。这样的勇士，生活中有很多——他们可能只是生活里最平凡的人，可他们做的绝对是最不平凡的事情。

人的本性，不是在痛苦里绝望，而是要懂得在绝望里找到希望，我们都应该遵循这一本性，做一个快乐的人。

痛苦来自念念不忘，快乐来自逍遥自在

其实，你的人生之所以痛苦，莫过于拥有太多执念。执念让人总是无法释怀，将自己锁在痛苦的牢笼中，在你快乐的时候折磨自己的内心，在你难过的时候雪上加霜，让你陷入自己布置的痛苦陷阱，一而再，再而三地重复自己的痛苦。只因为痛苦被一遍一遍地回想，才挤掉了心中本应快乐的地方。

一旦你的心变得不执着、没有任何担忧，也不会去特别关注任何事物，那一刻，你就是解脱的、自由的。这种状态的特色就是没有任何定点，你不再集中于任何议题或经验，眼前存在什么就是什么。你的心里也不会想着："我要这个，我要那个""我要想一下这件事"或"我非得这么做不可"。这时，你的心完全是放松的、自在的，也就是平时所说的逍遥自在。但是，这样的状态永远不可能通过努力而达成，它会在某一天自然地出现，当你注意到它的时候，千万不要认为它是一件多么了不得的大事，依然做你正在做的事就好。一旦把它看成是一件了不得的大事，它就会不见。

你的心一旦变得自由、不执着、不担忧，也不特别关注任何事物，

那一刻你就是解脱的。"逍遥自在"这个词很清楚地告诉你什么是解脱状态。在每个人的一生中，这种解脱经验都是来了又去，去了又来的，你不会特别地意识到它。处在这种状态里，心中所有的事都会放下，心是开放的，脑子也不会固着在任何想法上。一切都很平常，没有什么事发生，也没有什么巨大的开悟的瞬间或令人震撼的经验。

抛开概念生活，你会体会到更多的快乐

日常生活是我们每天单调地去办公室上班，不断地被孤独、痛苦、恐惧折磨，等等。那些事，是实实在在发生着的过程，是我们生活中每天在发生的事。如果我们的生活充满痛苦，如果我们没有东西吃，如果我们的亲人死了，如果我们聋哑痴呆，那么这些痛苦、饥饿、死亡、生病和概念完全没有任何关系。

一个概念化的世界就是观念的世界、公式的世界、理论的世界，一个想象的意识形态构成的世界。一旦我们走进那个抽象的领域，我们将会完全迷失自己。概念能帮我们解脱痛苦、摆脱恐惧吗？不能，所以，只有当我们完全抛开概念去生活时，才真切切地领悟到生活是什么。

我们的五官都在我们身体的表面，因为它们是感受外界信息的工具；而大脑在我们的头颅内，大部分人依然只把它用于外界的事情，而对我们的内心一无所知。我们看到的一切只是一堆标签和概念，没有真实地感受它们，我们总需要从那些标签和概念中选择一种可能。而只要是有选择，就有了分别心，冲突和痛苦也就由此而生。那么我们怎么才能避免呢？当我们的感受只是感受，我们就不会面临选择。也就是说，当我们每一刻的感受都成为选择，我们就自然喜悦了。

有人看书时有过这样的体验，明明是非常常见的一个汉字，可是在那一刻我们觉得它陌生了，变得认不出这个字，只能看出它的形状、颜色，等等。这就是我们的大脑暂时抛却标签时的一种表现。

在很短一段时间后，我们"认出"了它，然后这个词的意思等方面的信息就都出现了，我们再也不会感受它的形状和结构了。

面对一个老朋友或者一个敌人时，我们能够像看那个"陌生"的字一样去看待吗？那种不借助任何知识和任何联想的看，那种没有任何偏见、判断和形容词的看，那种全身心投入，没有自己存在的那种看。我们面对世间万物时，是不是也能这么看？当我们关注着一朵花儿或者满天繁星时，我们能不能只是用眼睛和心智去看，而是完整地看到了一切？

当我们真正地全神贯注时，就不会有"我"的感受，不会察觉到自己的存在。"我"作为一个观察者，已经消失了，只剩下了专注，那一刹那，思考与记忆都毫无藏身之处。

观察者消失了，只剩下一种全然的专注，这就是最高形式的智慧。这个时候的心智是完全寂静的，这种既无观察者也没有被观察者的彻底寂静，就是最高形式的爱。

我们可以想象这么一个场景：在一个雨后宁静的早晨，我们独自走在山间的小路上，或者坐在不知名的小山顶上。世界上只有寂静的存在，没有狗吠，也没有车声，连鸟儿振翅的声音都听不见。我们的心完全沉静下来，在这种安宁的冥想状态下，我们不会再把看到的美景诠释为思想，不会给任何眼中见到的事物贴上标签。我们心中不再存有先入为主的观念或标签，直接接触到了生命本身。

当欣赏一朵花时，能够不带任何概念地去研究，只是静静地去看，去觉察它的美丽，那样我们就容易和花融为一体，进入一种物我合一的境界。在人际关系中，我们也能够不用"经济学家""政治家""老师"或"学生""妻子"或"丈夫"等种种概念和词语去看他们，抛弃那些概念所附加在人身上的相关形象和过去的意象，而只是和他们交流，去听他们说话、看他们的每一个动作，那样，交往的过程中就不会产生冲突和矛盾。当我们不再用成功、幸福这些概念来规范我们自己的行为时，我们就能感受到语言难以描述的美感。

快乐是一种灵魂的能量

人的一生中，总会有陷入复杂情境的时候。在这个时候，生活开始变得杂乱无章，心灵也蒙上了灰暗的色彩。你的身边开始出现一个负向的能量场，使得正向能量无法进入，你自然也就体会不到幸福。但此时你并非无计可施，虽然快乐无法进来，但你可以主动营造属于灵魂的快乐，发散出内在喜悦的力量，逐渐从这个负向能量场的中心向外扩张。

这种力量是强大的，可以由内而外地改变你的生活状态。你可以积极主动地寻找让自己快乐的根源，让自己的周围只存在快乐而无其他负向能量。这样的生活简单又不失乐趣，而你也一定会从这种愉快的氛围中享受到快乐的真谛与简单生活的美好。一位哲学家就掌握了这种营造快乐的技巧，因而他的生活简简单单，却又充满快乐。

有一位哲学家年轻的时候同几个朋友住在一起，房子很小，只有七八平方米，但他却丝毫不介意，整天都很快乐。有人问他："这个房子这么小，你还要和这么多人挤在一起，有什么值得高兴的？"这位哲学家说："和朋友们住在一起有很多好处，我们可以经常交流思想、交流感情，这是一件多么快乐的事啊！"

过了些日子，朋友们都离开了这个房子，只剩下他一个人，但他仍然神采奕奕。那个人又问他："现在朋友们都走了，就剩下你一个人在这里孤孤单单的，你难道还那么快乐吗？"哲学家回答："当然啊！因为这里还有很多本书，每本书都是我的一位老师，能和这么多位老师住在一起，怎么能不快乐呢？"这位哲学家是个真正懂得享受快乐的人，他的境况并不是多么好，但他却总能为自己营造快乐的氛围，让每一个环境在他眼中都是"好的，美妙的"。他将生活完全建立在快乐的基础上，内心充满了快乐，又善于寻找快乐，他又怎么能不幸福呢？哲学家的境况虽然经常改变，但他主动营造快乐的方式却丝毫没有改变，因此让人觉得他的生活简直快乐到了极致。

快乐是一种属于灵魂的能量，你找到了它，生活就会变得其乐融融。如果很不幸，你的生活中没有太过于快乐的事，你因此整日庸庸碌碌，毫无快乐可言，那么，就请你睁开明亮的眼睛，在周遭主动寻找快乐吧。外界降临的快乐与你主动寻找的快乐毫无差别，都是使你享受愉悦生活的动力之源。甚至主动寻找的快乐能让你更惬意，因为在寻找它的过程中，你学会了发现生活、营造生活，最终也必然能更好地享受生活。

在每一个当下冥想

曾经有一个人问禅师："什么是活在当下？"禅师说："吃饭就是吃饭，睡觉就是睡觉。这就是活在当下。"生活中，如果你能在做每一件事情时做到心无旁骛，一心一意地做好眼前的事情，你就能够时时刻刻体会到冥想的清明，你就已经在享受新鲜的、活跃的当下了。

然而，我们大多数人还不明白这个道理，我们大部分人对于每天反反复复的生活都感到疲倦，厌倦过去的日常经验，所以我们越老成、越聪明，就越只想活在当下，并发明关于"当下"的哲学。然而不幸的是，过去的每个经验都在我们的头脑中烙上了深深的印记，快乐的或不快乐的，并且我们都想保留那些快乐的记忆或经验。我们的思想总是怀旧的，而我们的欲望又想在未来获得更多的快乐，所以我们的心被分裂成了两部分：一部分用来回忆过去，另一部分用来幻想未来，唯独没有活在当下。

在物质层面上，过去的经验对我们的技术领域可能有所帮助，但在生活领域，过去解决不了任何问题。我们需要做的就是看现在，如果我们不能看现在，就是因为我们背负着过去、背负着传统。思想是过去经验、知识、记忆的积累，是历史的、已经死了的东西，因此它只能使心灵陷入悔恨和眷恋当中，从而不可能看到新鲜的、活跃的正在发生的事情。因此，如果我们试图用过去的东西即思想来了解当下的行为，那我们根本不会明白。于是分裂就出现了，生活变成了冲突。

和已知的过去不同，明天是未知的，还没有到来，甚至我们应该首先思考一个问题：到底有没有"明天"这个概念？

我们根本就不可能通过过去、透过现在来投射未来，只有自然而然、不知不觉地保持敏感，专注于眼前的事情，吃饭的时候不要想着昨天吃过什么山珍海味，睡觉的时候也不要去担心明天的工作和银行贷款，这正是一种冥想。也只有专注于当下，我们才会了解什么是真正的活在当下，什么才是真正的快乐。

冥想让你对美好的感觉更敏感

希腊著名哲学家伊壁鸠鲁曾说过："重要的不是发生在你身上的事，而是你对它的反应。"他所提到的"反应"可理解为我们的感觉。相信大家对"感觉"并不陌生，色、声、味、触都属于"感觉"，它让我们感受到出现在生命中的事物。但还有一些感觉并不在身体的表面，而是内心深处的觉知。例如，我们可以感受身体内是否在正常地"运作"，甚至可以感觉到体内那股源源不断的能量流动。

感觉有好坏之分，美好的感觉总是正向的、积极的，它能让你欣赏到生命中每一处喜悦的风景，并且带给你所有正向的能量。它的规律就是：你的感觉越好，那些出现在你生命中的人、事、物就越好。当你的感觉更多地倾向于美好时，在你的四周就会产生和谐的振动频率，这些能量传递到你的内心就会让你觉得十分舒服；反之，你的感觉越差，那些出现在你生命中的人、事、物就越差。当你的感觉更多地倾向于糟糕时，在你的四周就会产生不和谐的振动频率，这些能量传递到你的内心就会让你觉得十分不和谐。而冥想的作用之一就是使冥想者对美好的感觉更加敏感，对负面、糟糕的感觉产生抵抗力。

没有人会喜欢不好的感觉，在其中谁都不会品尝到任何喜悦的味道。因此，你需要唤醒内在所有美好的感觉，让生命朝着美好的方向延展。你可以想一下自己此时的感觉如何，是忧郁的还是喜悦的？或是此时你对工作的感觉如何，是烦心的还是顺利的？如果你此时想到的是"我的感觉很不好""我的工作很不如意"，那么这种感觉就充满了负向的能量，会让你接下来的工作与生活更加不顺利。对此，你不如试着去想"我的感觉很好""我的工作虽然很难，但对我来说是个转机"等，这些感觉会让你内在充满积极的能量，从而让自己处于一个和谐的能量循环之中。

还有一些人对于好坏评价十分模糊。如果别人问他们"感觉如何"，他们总是回答"还好""还行"。这种回答听起来似乎还不错，但与"好"有着本质的区别。感觉好就是好，坏就是坏。如果一个人总是觉得什么事都是"还好""还行"，实质上就是他觉得此时的境况马马虎虎，一般而已。那么这种感觉吸引而来的也就是普普通通的人生，这个人也不会有卓越的成就。

许多人并不知道美好的感觉有多大的力量，因此他们不会去掌控自己的感受。他们只觉得生命中出现了好的事情或者坏的事情，并不了解这些事情之所以好或者坏都是由自身感受决定的。就像遇到一件麻烦事，你如果以积极的感受去对待，那么必然会觉得这件事蕴藏着转机；如果以负向的感受去对待，不好的事情也就产生了。你需要唤醒内在美好的感觉，同时让自己停留在正向的能量之中。

而这一切的前提就是改变自己的感受，让它朝向美好的一面发展。

微笑是冥想中最重要的灵性品质

微笑是一种做人心态的外在表现，就好像日益枯萎的植物，需要注入能够让它复苏的营养成分，微笑恰恰是这样一种养分。微笑的后面蕴含的是坚实的、无可比拟的力量，一种对生活巨大的热忱和信心，一种高格调的真诚与豁达，一种直面人生的智慧与勇气。

生命如一条奔腾不息的大河，无论你是快乐还是悲伤，它都不会留住岁月的脚步。与其黯然忧伤，不如微笑面对。微笑了，对生活给予的一切也就释然了，不再患得患失，不再忧心忡忡。

生活在现在这样一个忙碌的社会中，为了让自己可以拥有微笑的心境，我们可以专门腾出一些休息的时间，比如，为自己留出不被事物烦扰的时间，在这一天里，我们可以面带微笑，悠闲地独自外出散步，或者携两三好友品茶闲聊。这并不是对现实生活的逃避，而是一种治疗和康复的冥想活动。

我们可以在静坐冥想中、在厨房的家务活中、在与人交往中，时时刻刻、从早到晚地练习微笑。也许刚开始有人会觉得微笑是困难的，那么我们不妨思考一下我们为什么要微笑。微笑意味着我们是自己，意味着我们拥有自己的自主权，意味着我们没有被淹没在无明之中。一行禅师曾经在他的作品中记下这样一首小诗，不妨在你练习微笑的时候，在心里默读一次：

吸进来，
我身心安爽。
呼出去，
我面带微笑。

安住于此时此刻吧，

这一刻是如此美妙！

当你微笑的时候，你会认识到微笑创造的奇迹。如果微笑能够真正地伴随着你生命的整个过程，这会使我们超越很多自身的局限，使我们的生命自始至终生机勃发。

你还等什么，现在就开始对自己、对周围的人、对这个世界微笑吧。

6. 爱你身边的人，一边祝福万物，一边幸福生活

我们每个人的内心都住着一个无比智慧的向导。有时候，我们会觉得无法与更高的智慧相沟通，这时候，不妨在冥想中结识你的内心向导。

选择舒适的冥想姿势，闭上双眼，舌抵上颚，进入呼吸计数。随着呼吸进入有光亮的内心通道，呼吸领你走过通道，你来到了一片茂盛的绿草地上，此处你会有一种完美的感觉，与周围的一切及内心的一切相连。你在草地上坐下来，独自欣赏这宁静的风景。

几秒钟之后，你发现有个美丽的东西向你走来，这是你的内心向导。这个向导表现出智慧、仁慈和同情，并且拥有特殊天赋和能力。你的内心向导可能是男的，也可能是女的，可能是某种在你心中有特殊意义的符号，也可能是动物，或者是任何你想象的东西，当向导走近时，请他坐在你身边，对他心怀崇敬之心。

你开始和你的向导交流，告诉他你在寻求自信和信任别人的能

力，问向导以下这些问题，让他给你指点：

你在过去曾背叛了自己的信任，怎样才能取得自信？

怎样才能进一步自我同情？

怎样才能更有效地倾听和反映自我需要？

用怎样的方式与别人交流才能够增加彼此的亲密度和信任度？

……

如果你的内心有任何关于自我信任和彼此信任的问题，不妨一一问出来。听从向导的意见和指导。当他给予你回答时，发自内心地感谢他。

你心中的疑惑都渐渐清晰了，你感到身边刮起了微风，微风将你吹起，渐渐地吹离了这片草地，与你的内心向导告别。整理你所收到的讯息，将注意力返回到呼吸，睁开眼睛，结束冥想。如果你觉得有必要，可以将你这次冥想所获取的讯息记录在你的冥想笔记本上。

在冥想中互通潜意识和显意识

闭上眼睛，进入 α 状态，想象你看到远处有一束光，你朝着光亮走去，越来越近，最终你处于光亮之中，你被笼罩在一团光里，想象这是个非常安全的所在，任何人和事都无法打扰到你，你可以在这里安静地思考。

现在想象你正坐在摄像机前面，你是一个导演，镜头里有两个人在演戏，他们分别是你的显意识和潜意识幻化成的。此时他们正在争吵，因为他们的合作出现了分歧，他们都有自己的想法和观点，都不想服从对方，也不愿意听取对方的声音。显意识知道怎么做才是对的，潜意识却容易感情用事。作为导演的你看到这个场面知道他们的合作失败了，你必须帮助他们改正过来，于是你对他们大声说"Stop"，要求他们必须做到下面的要求：

在接下来的工作中，显意识和潜意识必须团结合作，必须尊重对方，进行善意的沟通和交流。你们要学会爱对方，因为你们住在同一个身体里，你们是最亲密的存在。你们每一个决定都必须是为自己好，为身体好，为其他人好，带着爱的善意去合作。潜意识要听从显意识的安排，但是显意识必须有爱心、善良、无私、公正，下达的指令必须是对身体和潜意识有益处的。所以，从现在开始，显意识只乐于接受正面积极、健康乐观的思想。潜意识要愉快地完成显意识的命令，并且要保证完成的质量和速度。潜意识抛弃了所有的负面情绪，让身体变得健康强壮，精神饱满。现在，显意识和潜意识合二为一，形成一个整体。这时，你走过去，走进你的身体里，你感觉到了显意识和潜意识的亲密合作，他们彼此相爱，彼此照顾，你看到了他们的共同表演，那是为了你的幸福而进行的演出。

你看着他们的合作表演，那种默契似乎可以解决所有的麻烦和困难。没有什么事情是这两个搭档做不到的，潜意识协助显意识取得了各种难以想象的成绩，你似乎充满了信心，可以坚定勇敢地面对所有的挑战。

现在，想象一束金色的光从你的头顶照下来，它是爱的象征，你沐浴在金色的光束中，和自己合为一体，你感到整个人完整了。金色的光芒代表着和谐，你的显意识和潜意识彼此和谐相处，你的内心和外在和谐一致，你和外面的世界也和谐美好。感受这束金色光芒的照射，感受和谐的力量，你要告诉自己从现在开始，保持这种和谐，显意识和潜意识也会一直和谐下去。

然后，回到最初的光亮中，你看到它从你周围散去，并且渐渐远离，最后消失不见。但是你感觉到了全新的自己，健康、活力、勇敢、坚定，你感到非常愉快满足。这时候就可以结束冥想了，慢慢睁开眼睛，你可以看到一个愉悦、精力充沛的自己。

在冥想中与内在的灵性相连通

想要让冥想更有效果，很重要的一步就是跟你内在的灵性相连通。

这里有一个帮助与内在灵性相连接的冥想练习。

选择舒适的冥想姿势，闭上眼睛，把注意力集中到一呼一吸之上。慢慢地放松你的身心，让紧张和焦虑排出体内。

想象你的内心有一道光芒，并且这道光芒正在逐渐地扩散和增长。慢慢地，这光芒就像阳光一样，放射到你的周围、放射到你所处环境的每一个角落。

用肯定的口吻在内心默念以下句子中的任何一句：

耀眼的神圣之光和温暖的博爱之光正在通过我向周围扩散。

我此刻具有无限的灵性能量。

我感受到宇宙如此丰盛。

……

或者是任何具有积极意义的句子。反复默念，直到你能感觉到你体内的灵性能量发出了积极的振动。

沉浸在灵性体验中一段时间后，慢慢地将注意力转移到呼吸上来，睁开眼睛，结束冥想。

在这个冥想练习中，你可能会体会到一股能量流经全身，或者浑身散发出温暖的光辉。这些都是你开始跟更高自我的能量有所沟通的信号。如果你没有在冥想中体会到你的高级自我，也不必担忧，只需继续修习放松、想象和肯定。渐渐地你就会开始在修行中经历到某些恍然大悟的时刻，你感觉事情一下子变得顺畅。

当你第一次意识到更高自我的时候，你可能会发现它并不那么容易琢磨透，前一刻你还处于强大、明晰和具有创造性的感觉中，后一刻你可能又被扔回到混乱与不安之中。是的，你的更高自我就是这么来无影，去无踪。但这是一个普遍现象。当你多次与你的高级自我连接之后，你会渐渐发现，你已经能够在需要的时候成功地把它召唤来了。

灵魂星连接高级自我

这个冥想源自波利尼西亚的神秘智慧。古老的波利尼西亚神秘智慧认为，人的意识分为三个层次：基本自我、意识自我和高级自我。基本自我掌管"记忆"，意识自掌管"想象"，高级自我掌管"灵感"。这个冥想练习就是让人们能够与自己的高级自我相连接。

选择坐姿进行冥想，闭上双眼，把注意力集中到呼吸之上。

想象你的头顶正上方 25 ～ 30 厘米的地方有一道白光，这道白光明亮而闪耀，充满了能量，这就是你的灵魂星，是你的高级自我之光。这道光比钻石更加耀眼，在你的凝视之下，这光芒更加强烈。你在这美丽纯洁的光芒之中感到无限温暖、充满活力。高级自我之光在你的胸中蔓延，你的内心似乎开满了灿烂的花朵。一些花瓣飘浮起来，自行组合成了一个杯子的形状。杯中装着你心中之花的露珠还有灵魂星的光芒。你笼罩在光的惠泽之下。你感受到，这道光给你的安全感超越了你以往经历的任何事、任何人。这种信任不是片刻建立的，而是自然显露的。它洗涤了过去的伤痛和失望，它带给你最可靠的引导和支持，它带给你清新和希望。

做几组深呼吸，随着呼气释放出你过去的经历，随着吸气吸入高级自我之光的能量。

然后，渐渐地断开你与灵魂星的连接，随着光的轻轻移去，将注意力重新转向呼吸。慢慢地睁开眼睛，稍作调整适应周围环境。

冥想让你悠然徘徊在生命之流

当你在谋求权力和妄想控制他人的时候，你就是在损耗能量。

为了一己私利而贪财贪权，你就是对当下的幸福置之不理，而去追求虚幻的幸福，这也无异于切断了你的能量来源，并且阻碍了大自然施展它的智慧。但是，当你的行动是由爱驱使的时候，你的能量就会大大积攒，而你所积攒的这些能量会帮你创造出包括无尽财富在内的任何你想要的东西。

最省力法则包含三个部分。这三个部分是让我们实践"少劳多得"法则该遵循的原则。

第一个部分是接纳。接纳就是让你做出这样一个承诺："我在今天遇到的任何人、任何情况、任何事件，是什么样的就是什么样的，我将接纳他们本来的样子。"这也就意味着，我们明白了我们现在所经历的一切是顺乎天意的，因为整个宇宙是它该有样子的。此刻的自然而然是因为宇宙就是自然而然的。

第二个部分是责任。责任意味着你不会抱怨此刻在你身边发生的一切。当你接纳了你此时的处境之后，责任就意味着你有能力对你此刻所面临的状况做出一个创造性的回应。所有的问题中都隐藏着机遇的种子，而意识到这一点能够让你接纳此刻并且把此刻的问题向好的方向发展。

第三个部分是不作辩护。意思是说把你的意识建立在不作辩护的基础之上，把说服或者劝说别人相信你的观点的念头消除掉。你身边的人把他们99%的时间都用在了为自己的观点作辩护上。如果你能消除这个念头，你就会将以前浪费掉的大量精力找回来。

如果你能拥抱现在，感受每一个当下的喜悦和存在，体会每一个生命中所蕴含的灵性光辉，你的快乐就会从内心源源不断地流出，你的内心将不再有怀疑，你所想之事将会梦想成真。放弃你的抵抗之力，朝着轻而易举的智慧之路前进吧！当你把你的接纳、责任与不作辩护完美地结合起来的时候，你就能体会到生命的无羁之流了。